黄河口饮食文化丛书

黄河口
味道

魏正涛 盖如河 主编

济南出版社

图书在版编目（CIP）数据

黄河口味道 / 魏正涛, 盖如河主编. —— 济南：济南出版社，2024.5
（黄河口饮食文化丛书）
ISBN 978-7-5488-6472-1

Ⅰ.①黄… Ⅱ.①魏… ②盖… Ⅲ.①黄河–河口–饮食–文化 Ⅳ.①TS971.2

中国国家版本馆CIP数据核字（2024）第088594号

黄河口饮食文化丛书：黄河口味道

魏正涛　盖如河　主编

出 版 人　谢金岭
出版统筹　胡长粤
责任编辑　刘秋娜
装帧设计　胡大伟

出版发行　济南出版社
地　　址　山东省济南市二环南路1号（250002）
总 编 室　0531-86131715
印　　刷　山东联志智能印刷有限公司
版　　次　2024年7月第1版
印　　次　2024年7月第1次印刷
开　　本　170mm×240mm　16开
印　　张　27.5
字　　数　390千字
书　　号　ISBN 978-7-5488-6472-1
定　　价　106.00元

如有印装质量问题　请与出版社出版部联系调换
电话：0531-86131736

# 序

2023年初，我把《寻味黄河口》作为渤海工匠学院培训班晚课读物发给学员，学员们读后感叹："写得真好，长见识了！如果再有一本教怎么做这些美食的书，那该多好！"我听了暗笑，因为魏正涛、盖如河两位老师已经着手编写了，书名叫《黄河口味道》，还嘱我作序。

中国是美食之国，黄河口是美食宝地。正是美食的千滋百味，赋予了美食勾魂摄魄的魅力，而味道，就是美食"勾魂"的"钩子"。它可以是浓烈的，也可以是清淡的；可以是刺激的，也可以是温和的。每一道美味都有自己与世俱来的"胎记"，每一样美食都有自己独具的韵味，每一种味道都带着自己烟熏火燎的故事。它们在口腔中磨合交织，酝酿升华，形成了独特的乡愁记忆。

改革开放前，人们生活大都不宽裕，餐桌上的饭菜单调而统一，不是白菜萝卜，就是茄子辣椒，鸡鸭鱼肉是逢年过节才有的"年货"。在我们老家，把炒的白菜萝卜或者咸菜叫"就吃的"，那时候顿顿能"就吃"上白面馒头，就觉得幸福满足，并不讲究饭菜味道的孬好。城里比农村也强不了多少，下馆子搓一顿是十足的奢侈行为。闲聊起来，如果说起谁家谁家做饭好吃，那一定是因为他家做菜舍得放油。

改革开放后，经济迅速发展，人们的收入高了，日子好过了，对生活的要求也水涨船高了，到饭店吃饭渐渐成为一种时尚。城里的大街两旁，有着琳琅满目的特色美食，它们在吸引着顾客。在农村，"大锅炖""小锅台""农家乐"也悄然走红。大家吃得越来越高端，越来越花哨，口味也越来越刁钻，越来越奇特，够"新"够"鲜"，是对一道好菜的至高评价。

在人们的口腹之欲得到极大满足之余，高血脂、高血糖、高血压这些吃出来喝出来的毛病，也一一找上门来。于是，近几年，人们吃的口味和喜好又发生了新变化。大家开始追求吃出健康，吃出文化，吃出感情。请人到家吃饭，亲自下厨做饭，成为待客的最高规格。来家吃饭，不管是简单地拍个黄瓜炒盘青菜，还是炖一锅热腾腾的大骨头，或是热热闹闹包一顿饺子，传达的都是主人的盛情。食物的魅力不仅仅是味道，更是心意。吃饭，是感情与美食产生共鸣。而味道，既可以让人回味无穷，也可以让人热泪盈眶。

《礼记》中云："虽有嘉肴，弗食，不知其旨也；虽有至道，弗学，不知其善也。"美食，不仅要会品，还要会做。闲暇时，我喜欢下厨，或照着菜谱如法炮制，或随心自由组合搭配，总之，我希望我做出的每一道菜，都有我的专属味道。魏正涛、盖如河是东营市技师学院的烹饪教师，有丰富的教学和实践经验，我经常向两位请教烹饪的技巧，东营各大饭店的厨师长、经理，很多是他们的学生，堪称东营市烹饪技艺"学院派"。《黄河口味道》一书，凝聚了两位老师的辛勤劳动、智慧和授业初心，烹饪者们在学到拿手厨艺、品到可口美食之余，更应感谢他们辛勤的付出。

据说，东营人特别注重厨房的装修，冰箱冰柜更是必需品，各种锅、碗、勺齐全，烤箱、蒸笼、微波炉等一应俱全，不好好做饭，也对不住这些做饭的"固定资产"。有人说，没了烟火气，人生就是一段孤独的旅程。我想说，只有饱经风霜的人，才会更贪恋人间烟火。一汤一饭，一粥一茶，才是我们真实的生活。生活百味，让我们用心品尝每一种味道，感受它背后的故事和情感。

学着做菜，做个有真功夫的吃货；回家吃饭，享受有滋有味的生活。

赵寿亭

2024 年 5 月

# 前　言

　　"黄河口饮食文化丛书"的编写规划为《寻味黄河口》《黄河口味道》《黄河口名店、名厨、名菜》等。由东营市技师学院、渤海工匠学院和东营市烹饪餐饮饭店协会、东营市绿色餐饮商会联合编撰。

　　《黄河口味道》全书约39万字，分为凉菜、热菜、面点三大部分，精选了近300款菜品。既有广饶肴驴肉、史口烧鸡、利津水煎包等历史名吃，又有香煎黄河刀鱼、清汤活海参、肴蟹、大虾疙瘩汤、蛤蜊汤等各酒店经营的特色菜品；既有黄河口技能大赛的部分菜品，也有曾经在东营市流行的美食佳肴。该书具有浓郁的地方特色，是一部全面介绍黄河口特色美食的重要图书。

　　在收集与甄选过程中，编委会权衡菜品的代表性、影响力和特色优势等因素，对近千款菜品进行对比遴选，最终，确定入选的菜品有近300款。在编写过程中，本着尊重现实、客观准确的原则，以图文并茂的形式，详细描述了每一个菜品的主要用料、制作过程、菜品特点和操作关键等内容，力求完整准确地传递菜品的原貌、制作人和制作单位等信息。

　　《黄河口味道》是一本餐饮从业人员了解黄河口饮食文化的工具书，是烹饪院校实习教学的操作指南，是广大烹饪爱好者的技术参考，也是外地游客欣赏黄河口美食的窗口。编撰目的是，真实呈现黄河口餐饮产品的现状，为弘扬黄河口饮食文化、传承黄河口烹饪技艺留下宝贵的文献资料，为促进鲁菜发展做出积极贡献。

　　因编著水平所限，书中难免存在缺点与不足，敬请广大读者朋友予以批评指正。在此，对积极提供菜品的单位和个人表示衷心感谢，对没有纳入本书内容的单位和个人致以深深的歉意。

《黄河口味道》编委会

2024年5月

椿芽拌开凌梭鱼 028
狗杠鱼酱 030
劈柴肉冻 032
广饶肴驴肉 034
陈老二肴肉 036
博昌熏肉 038
海带卷肘 040
孟氏肴猪蹄 042
风味卷肘 044
白切滩羊肉 046
小二牛肉 048
乡村牛肉垛子 050
西刘桥狗肉 052
手撕肴兔 054

腌黄瓜辣椒 084
蒜泥马齿菜 086
蒜泥拌鸡蛋 088
芝麻盐拌菜心 090
西瓜酱 092
拌三末 094
四大金「缸」097
一、烧椒酱 098
二、茄子酱 099
三、蒸虾酱 100
四、酱花生 101

第二章　热菜
鲜美的黄河口大闸蟹 107

# 目录

第一章

凉菜

东营肴蟹 004

生呛大闸蟹 006

生呛梭子蟹 008

梭子蟹酱 010

史口烧鸡 012

乡村风干鸡 014

黄河口肴鸡 016

鸿丰脱骨扒鸡 018

三末拌海参 020

香熏鲈鱼 022

咸菜酥鲫鱼 024

水晶梭鱼 026

捞拌蛏子 056

菠菜拌毛蛤 058

黄瓜拌虾皮 060

老虎菜拌海螺 062

白菜拌爬虾干 064

腌小河虾 066

腌汁小海鲜 068

拌虾油老咸菜 070

将军菜 072

蒜泥皇席菜 074

炝拌藕丝 076

姜汁藕片 078

茴香拌黄豆 080

脆爽萝卜干 082

金牌脆皮大虾 136

萝卜丝炖大虾 138

虾汤氽虾丸 140

吉庆的黄河鲤鱼 143

家常熬大鲤鱼 144

香辣黄河大鲤鱼 146

干烧黄河鲤鱼 148

黄河口大鲤鱼焖海参 150

『开凌梭』美食花样多 153

葱烧开凌梭鱼 154

开凌梭鱼炖豆腐 156

酱焖开凌梭鱼 158

侉炖开凌梭鱼 160

软炸银鱼 162

水蛋炒银鱼 164

茶坡蛤蜊汤 194

黄河口蛤蜊汤 196

风味别致的咸梭鱼 199

咸鱼烧茄子 200

咸梭鱼酱 202

渔家蒸鱼肠 204

咸鱼炒馒头干 206

咸鱼饼子 208

标准化养殖的黄河口滩羊 211

手抓羊棒骨 212

香熏羊排 214

烤羊头 216

振广大锅全羊 218

羊蝎子火锅 220

生氽羊肉 222

# 目 录

烀蟹子 108

毛蟹焗鱼嘴 110

芦花鸡炒蟹 112

香辣大闸蟹 114

家常炒大闸蟹 116

南瓜炖毛蟹 118

稀有的黄河刀鱼 121

香煎黄河刀鱼 122

酥黄河刀鱼 124

小葱炒黄河刀鱼 126

清煎黄河刀鱼 128

滋味鲜甜的大对虾 131

大虾疙瘩汤 132

虾油老豆腐 134

锅塌银鱼 166

酸辣银鱼汤 168

美味的鲈鱼 171

黄河口香煎鲈鱼 172

家常熬鲈鱼 174

家焖咸鲈鱼 176

质地细嫩的狗杠鱼 179

酱焖狗杠鱼 180

炸风干狗杠鱼 182

虾皮炒萝卜丝 184

黄河口虾皮酱 186

补钙虾皮豆腐 188

汤鲜肉嫩的白蛤蜊 191

锅塌蛤肉 192

红烧嘎鱼 278

糊涂泥鳅 276

功夫黄花鱼 274

咕嘟虾酱 272

渤海鱼锅 270

水煎寨花鱼 268

烧芦花鲫鱼 266

河丰炒鱼 264

黄河古道鲜鱼汤 262

风味马口鱼 260

嘎鱼烧豆腐 258

菠菜小鱼汤 256

烤鲽鱼尾 254

砂锅鲽鱼头 252

二、蒸酥肉 333

一、蒸酥鸡 332

利津八大碗 331

碴菜豆腐 328

槐花酱 326

水煎豆腐 324

李神仙烤兔 322

龙居牛肉丸子 320

老坛黄牛肉 318

大中驴架子 316

氽驴肉丸子 314

金牌烤驴脖 312

手撕牛肉 310

特色熏猪手 308

# 目 录

清脆甘甜的白莲藕 225

鲜虾藕盒 226

莲藕炖仔排 228

清脆爽口的老咸菜 231

咸菜炒鸡蛋 232

肉丝炒咸菜丝 234

鲜嫩多汁的皇席菜 237

鸡茸皇席菜 238

锅塌皇席菜 240

龙居皇席菜丸子 242

李焕章全家福 244

海鲜狮子头 246

清汤活海参 248

富贵鱼头 250

果木烤乳鸽 280

龙井熏乳鸽 282

笨鸡炖海参 284

虎头鸡 286

黄河口炒鸡 288

泉水松茸炖笨鸡 290

孤岛大盘鸡 292

振生炒鸡 294

吕府大锅炖大鹅 296

鸡汤老豆腐 298

蛋黄狮子头 300

草桥四喜丸子 302

鸿运当头 304

农家蒸肉 306

利津锅饼 356

广饶油粉汤 358

龙居月饼 360

麻湾王记水煎包 362

家乡包福饼 364

利津咸粥 366

炸气鼓 368

黄河口烧饼 370

包皮饼 372

烧布剂 374

韭菜合子 376

小米绿豆捞干饭 378

摊咸食 380

驴肉馅饼 382

丰富多彩的饺子 413

一、驴肉水饺 414

二、皇席菜水饺 415

三、荠菜水饺 416

四、大蒜猪肉水饺 417

五、黄瓜素水饺 418

六、鲜虾水饺 419

七、南瓜虾皮水饺 420

八、鱼茸水饺 421

九、猪肉大葱水饺 422

十、西红柿鸡蛋虾仁水饺 423

后记 424

# 目 录

第三章

# 面点

三、蒸扣白肉 334

四、碗蒸鸡 335

五、碗蒸豆腐 336

六、清汤丸子 337

七、蒸瓦块鱼 338

八、蒸酥肉丸子 339

金色龙须面 344

黄河口大闸蟹粥 346

奶香石子馍 348

南瓜千层饼 350

皇席菜曲奇饼干 352

利津水煎包 354

杂粮手擀面 384

焖油面 386

皇席菜手擀面 388

酥皮驴肉火烧 390

蒸粗粮窝窝头、虾酱 392

豆萁绿豆汤 394

烀地瓜贴饼子 396

皇席菜猪肉蒸包 398

海参大包 400

驴肉包子 402

马齿苋包子 404

薄皮萝卜丝包子 406

宾馆酱肉大包 408

白菜豆腐粉条包子 410

第一章

本篇在编写和拍摄过程中得到以下单位和人员的大力支持：

| 单 位 | 人 员 |
|---|---|
| 尊客福大餐饮有限公司 | 牛金光 |
| 河口区河丰园鱼馆 | 许之荣 |
| 尚品雅轩酒店 | 刘俊华 |
| 垦利区红光渔业社 | 王美芬 |
| 东营乐口福食品有限公司 | 赵锦江 |
| 开口笑饺子城 | 孟庆元 |
| 鸿丰饺子城 | 常登举 |
| 一家亲妈妈菜餐饮有限公司 | 王华东、朱春茂、李武润 |
| 东营宾馆 | 刘新华、孙侠、刘霞、郭清明、李海峰、刘振路、梁玉霞、曹义伟 |
| 东营市商业大厦 | 鞠中华 |
| 东营凯悦餐饮公司 | 崔西涛 |
| 利津县陈老二肴肉店 | 陈学志 |
| 东营区博昌食品有限公司 | 赵锦江 |
| 广饶有容庭院酒店 | 丁志国 |
| 百盛园酒店 | 葛中运 |
| 黄河国际会展中心 | 郭兆永、李浩 |
| 胜利油田石化总厂 | 吴振兴 |
| 聚丰大酒店 | 胡乐乐 |
| 喜文化餐饮公司 | 王庆华 |
| 东营临朐全羊馆 | 田小平 |
| 小银龙餐饮公司 | 朱振波 |
| 大明大厦 | 高新义、李路路、韩志康、张新民 |
| 孤岛镇小贝壳上潮海鲜酒店 | 王冬冬 |
| 东营颜派王家味饭店 | 王建 |
| 尚能集团 | 赵海兵 |
| 东营市技师学院 | 吕保国、顾兰章 |
| 华东国际大酒店 | 张乃朋 |

# 东营肴蟹

## 菜品说明

近年来，东营市绿色餐饮商会、尊客福大餐饮有限公司等加大了对黄河口大闸蟹菜品的研发力度，组织了多届黄河口大闸蟹美食品鉴会，肴蟹便是其中的代表菜之一。肴蟹以鲜甜微辣的味道、细嫩的质感、醉人的酒香，征服了食客的味蕾。

### 主要用料

大闸蟹 1 千克、冰糖 100 克、绍兴 10 年女儿红 200 克、味极鲜酱油 100 克、味精 10 克、小葱 6 克、姜 25 克、蒜 16 克、香菜 6 克、10 年陈皮 10 克。

## 制作过程

1. 将大闸蟹洗净，上笼蒸 10 分钟，备用。

2. 锅内加入纯净水，放入冰糖、女儿红、味极鲜酱油、陈皮、味精等，烧开，转小火熬 5 分钟，倒入盛器内，晾凉；再放入姜、蒜、小葱、香菜等，兑成腌汁。

3. 将蒸熟的大闸蟹放入腌汁中，置于冰箱内冷藏，腌制 15 小时。

4. 取出大闸蟹，改刀，装盘。

**操作关键**

1. 要选用 10 年的黄酒来制作醉腌汁。

2. 要选用 10 年以上的陈皮，保证去腥增香的效果。

## 菜品特点

色泽枣红，蟹鲜味美，酒香浓郁，唇齿留香。

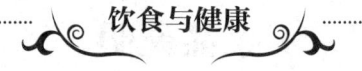

### 饮食与健康

大闸蟹中含有丰富的蛋白质及微量元素，有利于很好的滋补作用。大闸蟹性寒、味咸，归肝经、胃经，有利于清热解毒、补骨添髓、养筋健骨、活血祛痰、利湿退黄。加入黄酒、葱、姜、蒜、香菜等辛温食材后有效缓解大闸蟹的寒性，更利于被人体消化吸收。蟹黄胆固醇含量较高，一次食用不宜过多。

制作人：牛金光

# 生呛大闸蟹

## 菜品说明

呛蟹子在黄河口一带流传已久，是将活蟹子放入调味汁中进行腌制，然后直接生食的一种方法。呛蟹子常选用梭子蟹或大闸蟹，必须选用活的蟹子，还要用高度白酒进行杀菌消毒，以保证食用安全。

### 主要用料

活母大闸蟹 10 只、圆葱 50 克、香菜 10 克、大葱 10 克、姜 10 克、八角 3 克、花椒 50 克、鱼露 150 克、味极鲜酱油 50 克、白糖 15 克、味精 20 克、高度白酒 30 克、干辣椒 15 克、葱油 100 克。

## 制作过程

1.将活大闸蟹用清水养殖 4 小时，洗刷干净，加入高度白酒进行杀菌消毒。

2.锅中加入葱油，待油温烧至七成热，下大葱、姜、八角、花椒、干辣椒，爆出香味，加入清水，烧开，放入各种调料，再烧 3 分钟；将其倒入盆中晾凉，加入高度白酒，放入大闸蟹，撒上圆葱、香菜，用消毒的盘子压在大闸蟹上面使其不能活动。

3.将大闸蟹放入恒温箱或冰箱内保鲜，腌制 24 小时即可。

**操作关键**

1. 要选用活的、有黄的大闸蟹。

2. 腌制时要压紧压实，使大闸蟹均匀入味。

## 菜品特点

咸鲜香麻，回味香甜，滋味浓厚。

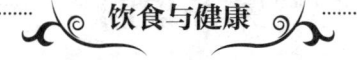

**饮食与健康**

大闸蟹营养价值较高，但因属寒性，脾胃虚寒、高血压、冠心病、动脉粥样硬化、伤风发热、腹泻腹痛患者不宜食用。

制作人：许之荣

# 生呛梭子蟹

## 菜品说明

呛蟹子最初用高浓度的盐水腌制，以咸鲜味为主；后来，腌制的调料愈加丰富。虽说腌制蟹子的配方千差万别，但大同小异，都是在咸鲜味的基础上又增加了许多香辛料，使味型和香气产生较大的变化，主要有咸鲜微辣、咸鲜微甜、咸鲜麻辣等。对于吃生蟹子这件事，喜欢的如获至宝，不喜欢的避之若浼。

## 主要用料

活梭子蟹 10 只（约 2.5 千克）、姜 50 克、花椒 20 克、盐 1.5 千克、高度白酒 60 克。

## 制作过程

1. 将活梭子蟹用毛刷洗刷干净，加入高度白酒进行杀菌消毒。

2. 将姜洗净，切片。

3. 锅中加入纯净水、盐、花椒，烧开，倒入盆中晾凉，再放入梭子蟹、姜片、白酒，并用消毒的盘子压在梭子蟹上面使其不能活动。

4. 将梭子蟹放入冰箱内冷藏，腌制24小时即可。

## 菜品特点

回味香甜，滋味浓厚。

**操作关键**

1. 要选用活的、有黄的渤海湾梭子蟹。

2. 腌料水要淹没梭子蟹，使其入味均匀。

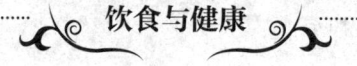

### 饮食与健康

梭子蟹营养价值高，含有丰富的蛋白质、钙、维生素A、维生素E等，有利于强腰补肾、清热解毒、补骨添髓、养筋活血。梭子蟹属于寒性食物，脾胃虚寒、大便溏薄、感冒发烧、痛风患者，以及有皮肤瘙痒症状者忌食。

制作人：刘俊华

# 梭子蟹酱

## 菜品说明

发酵后的螃蟹，会呈现出独特的味道和香气，蟹酱便是利用螃蟹的这个特点制作而成的。蟹酱制作简单、耐储存、风味突出，是沿海一带渔民常做的腌制品。对许多在海边长大的人来说，蟹酱不仅是一种奢侈的美味，更是一生难忘的味道记忆。蟹酱一般生食，无论是用大葱蘸食，还是做成凉拌菜食用，都具有显著的风味特征。

## 主要用料

渤海湾梭子蟹 5 千克、海盐 900 克。

**制作过程**

1. 将梭子蟹洗净，掀开蟹壳，去掉蟹胃，挖出蟹黄备用。

2. 剪去蟹肺、蟹脐、蟹嘴和蟹脚。

3. 先在陶瓷缸内放一层梭子蟹，撒上海盐，用木棍将梭子蟹捣烂；再放一层梭子蟹，撒上海盐，用木棍捣烂，捣成黏稠状态；最后放入蟹黄拌匀，再在表面撒上一层盐，加盖密封；自然发酵3—7天，蟹酱微红时即可。

操作关键

1. 要选用鲜活的或刚刚死的梭子蟹。

2. 要控制好腌制时间，发酵完成后要放入冰箱中冷藏。

**菜品特点**

酱体微红，蟹味浓郁，鲜味十足。

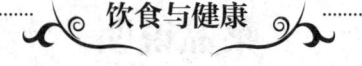

**饮食与健康**

梭子蟹有利于清热解毒、补骨添髓、养筋活血、通经络、滋肝阴。梭子蟹经过发酵，能产生大量的氨基酸，不仅味道鲜美，而且更利于消化吸收，但脾胃虚寒、大便溏薄、腹痛腹泻者忌食。梭子蟹酱中盐分含量较高，高血脂、高血压患者及有心血管疾病者要少食。

制作人：王美芬

# 史口烧鸡

## 菜品说明

　　史口烧鸡早在 20 世纪 40 年代就是当地颇有名气的美食，至今已有百年的历史。据统计，史口镇制作烧鸡的大小作坊有近百家。因此，史口镇被冠以"烧鸡之乡"的美誉。史口烧鸡制作技艺已被纳入东营市非物质文化遗产代表性项目名录，其制作技能被山东省人社厅批准为专项技能鉴定项目。史口烧鸡是东营人的一张美食名片，是馈赠亲友的首选礼品。目前，当地政府加大了对史口烧鸡的品牌营销力度，帮助企业改进包装形式和销售模式，在规范化、规模化、产业化发展等方面取得了新进展。

## 主要用料

　　散养笨鸡 30 只（约 50 千克）、大葱 500 克、姜 500 克、猪骨头 5 千克、鸡架 5 千克、盐 1 千克、味精 500 克、鸡精 500 克、料酒 1 千克、白砂糖 100 克、栀子 6 克、千里香 4 克、砂仁 10 克、香叶 25 克、八角 30 克、莳萝子 5 克、花椒 50 克、烟桂 15 克、甘草 10 克、小茴香 20 克、山奈

15 克、陈皮 20 克、肉蔻 20 克、草果 10 克、荜拨 5 克、灵草 5 克、甘松 5 克、白蔻 5 克、良姜 8 克、糖色 1.5 千克。

## 制作过程

1. 先将猪骨头、鸡架焯水洗净，放入锅中，大火烧开，打净浮沫；再放入各种香料、料酒、葱、姜，烧开，小火煮制 2 小时；捞出猪骨头、鸡架，制成基础汤。

2. 将各种香料装入香料包，放入基础汤内，加入糖色、葱、姜、盐、味精、鸡精，大火烧开，小火加热 30 分钟，使香气透出，即成卤汤。

3. 将鸡去除血污、内脏，用火枪烧去绒毛，冲洗干净，砸断腿骨；将鸡爪交叉放入鸡腹内，形如双腿抱拢，鸡右翅从鸡嘴里穿过翻转至鸡背，再将"盘"好的鸡焯水。

4. 将鸡摆放入卤汤锅里，下入香料包，大火烧开，撇去浮沫，转小火卤制 45 分钟，关火再焖制 50 分钟，捞出，沥尽汤汁，摆放在熏锅架上。

5. 熏锅烧热后下入白砂糖，盖上锅盖，利用糖产生的烟气熏制上色。取出鸡，并在鸡的表面刷一层鸡油（卤汁中撇出的油脂）即可。

**操作关键**

1. 制作卤汤时不能用大火，以防汤汁浑浊。

2. 每次卤制时要更换香料包、调整口味。

3. 要控制好熏制时间，否则色黑味苦。

## 菜品特点

色泽红亮，肉质紧实，香熏味浓。

### 饮食与健康

鸡肉属于高蛋白食材，有利于强身健体、健脾和胃、提高免疫力、促进儿童生长发育、促进新陈代谢、修补机体组织。特别适合老年人、病人、体质虚弱者食用；感冒发热、内火偏旺、痰湿体质、患有热毒疔肿者要少食。

制作人：赵锦江

乡村风干鸡

······ **菜品说明** ······

　　乡村风干鸡选用农村散养的笨鸡，经过腌制、卤煮、风干等多道工序制作而成，具有肉质紧实、酱香浓郁、越嚼越香的特点，是一道具有浓厚乡村烟火味道的菜品。20多年来，其一直畅销不衰。

## 主要用料

　　白条老鸡10只（约1.5千克）、乐厨酱汁750克、十笋园面酱1千克、粗盐1.5千克、姜1千克、大葱1.5千克、高汤25千克、糖色400克、味精200克、高度白酒200克、八角100克、花椒50克、麻椒50克、香叶5克、草豆蔻20克、砂仁20克、桂皮50克、罗汉果1个、辛夷5克、丁香5克、小茴香10克、白芷50克、千里香20克、甘草10克、良姜20克、白蔻10克、陈皮10克、草果7克。

## 制作过程

1. 将白条鸡掏净内脏，除去淤血，斩去爪尖，冲洗干净，控干水分。

2. 在鸡胸处剪一道 5 厘米的开口，"盘"鸡后将鸡放入沸水中焯水，捞出沥水。

3. 放入粗盐、八角、花椒、丁香、草果、小茴香，用慢火炒制成五香盐，涂抹在鸡的表面和内膛，腌制 2 小时后用清水将鸡的表面冲洗干净。

4. 将各种调料、高汤、葱、姜等放入锅内，烧开，放入鸡，大火烧开，转小火卤煮 2 小时，关火焖 30 分钟，捞出凉透。

5. 将卤好的鸡挂在通风处，风干 2—3 天即可。

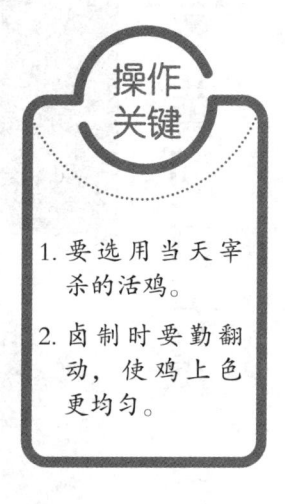

操作关键

1. 要选用当天宰杀的活鸡。

2. 卤制时要勤翻动，使鸡上色更均匀。

## 菜品特点

色泽酱红，酱香浓郁，肉质紧实筋道。

### 饮食与健康

鸡肉中含有蛋白质、脂肪、维生素 A、维生素 B、维生素 C、钙、磷、铁等多种营养元素，营养价值很高。但因身体内热而口舌生疮者要少食，感冒发烧或痰湿偏重者不宜食用。

制作人：朱春茂

# 黄河口肴鸡

## 菜品说明

　　肴鸡肉质软烂、酱香四溢，深受人们喜爱。各酒店制作肴鸡的方法存在较大差异，主要是给鸡上色的方法不同，有酱汤上色、挂糖油炸上色和熏制上色等。黄河口肴鸡是采用熏制上色的方法制作而成，不仅色泽红亮，而且有糖熏形成的特殊香气。

## 主要用料

　　当年小笨鸡 10 只（约 1.5 千克）、小米 100 克、盐 200 克、味精 100 克、酱油 500 克、白糖 100 克、大葱 100 克、姜 100 克、花椒 20 克、八角 15 克、桂皮 8 克、香叶 15 克、白芷 8 克、小茴香 20 克、肉蔻 6 克、良姜 12 克、草果 12 克、陈皮 5 克、猪骨浓汤 5 千克。

## 制作过程

1. 将笨鸡清洗干净，去除气管、肺等，洗净沥水。

2. "盘"鸡后将鸡放入沸水中烫皮，去掉血水备用。

3. 将鸡放在铁锅熏架上，加入白糖、葱、姜、香叶、小米，盖上锅盖，熏制 2—3 分钟，待鸡呈枣红色时取出，晾凉。

4. 将各种香料包成香料包。

5. 桶内加入猪骨浓汤、调料、香料包，大火烧开，打去浮沫，煮出香味，制成卤汤。

6. 把熏制好的笨鸡放入桶内，大火烧开，打去浮沫，转小火焖煮 60 分钟，关火静置 6 小时，待汤汁冷凝成冻后即可。

**操作关键**

1. 熏制时要注意火候。

2. 要除尽鸡的毛根和内脏。

3. 要根据鸡的老嫩程度，灵活掌握焖制时间。

## 菜品特点

色泽红亮，口味咸鲜，酱香浓郁。

## 饮食与健康

鸡肉性温、味甘，有利于温中益气、补虚填精、健脾胃、活血脉、强筋骨。但因身体内热而口舌生疮者要少食，感冒发烧或痰湿偏重者不宜食用。

制作人：孟庆元

# 鸿丰脱骨扒鸡

## 菜品说明

鸿丰脱骨扒鸡是在德州扒鸡的工艺基础上改进而来的，在香料中添加了多味健脾开胃、去腥增香的中药材，具有健胃、补肾、助消化等功效。鸿丰脱骨扒鸡造型美观、肉质酥烂、香气自然，非常适合老年人和儿童食用，也是一道佐酒佳肴。

## 主要用料

白条小公鸡 1 只（约 1.5 千克）、花椒 5 克、八角 5 克、丁香 12 克、桂圆 12 克、豆蔻 2 克、砂仁 2 克、肉蔻 3 克、白芷 1.5 克、小茴香 1 克、草果 1 克、姜 50 克、蜂蜜 20 克、盐 10 克、色拉油 50 克、老汤 5 千克。

## 制作过程

1. 将鸡放在冷水中浸泡 4 小时，除净血水，捞出控干水分。

2. 将鸡的双翅从颈部刀口交叉插入，从口腔中向左右伸出，两爪交叉塞入腹腔，形成鸳鸯戏水的造型。

3. 将蜂蜜加水调稀，均匀地涂抹在鸡体表面，晾干。

4. 锅中倒油，烧至七成热时放入鸡，炸至鸡体表皮呈金黄色、发亮时捞出沥油。

5. 将香料装入香料包；将炸好的鸡摆放在煮锅内，放上香料包，加入老汤、姜、盐，压上石块和铁篦子，使汤汁淹没鸡体；先用大火煮沸，再用小火焖煮，保持微沸状态，焖煮 4—5 小时。

6. 取出石块和铁篦子，一手持铁钩钩住鸡脖处，另一手拿笊篱，借助汤汁的浮力顺势将鸡捞出，保持鸡体完整。

7. 用细毛刷清理干净鸡体表面，晾凉即可。

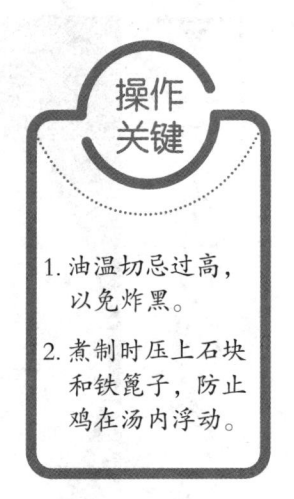

操作关键

1. 油温切忌过高，以免炸黑。

2. 煮制时压上石块和铁篦子，防止鸡在汤内浮动。

## 菜品特点

黄中透红，五香味浓，脱骨肉烂，咸鲜味美。

饮食与健康

鸿丰脱骨扒鸡在香料中添加了多味健脾、增香的中药材，不仅滋味醇厚、香气浓郁，而且有利于健胃、补肾、助消化等。扒鸡肉质软烂，非常适合老年人和儿童食用。

制作人：常登举

三末拌海参

## 菜品说明

　　三末拌海参是一道立意新颖、融合巧妙的菜品，一经推出便受到食客追捧。它利用了拌三末辛辣刺激的味型特点，有效地弥补了海参口味寡淡的不足。把农家菜与高档食材融合在一起，改变了以往海参菜肴温和清淡的风格，给人以全新的味觉体验。

### 主要用料

　　水发海参 300 克、大葱 100 克、香菜 100 克、青辣椒 100 克、盐 3 克、味精 5 克、白糖 5 克、味极鲜酱油 20 克、米醋 5 克、香油 20 克、葱油 10 克。

## 制作过程

1. 将海参片成抹刀片，焯水，晾凉备用。

2. 将葱、香菜、青辣椒择洗干净，切成 0.3 厘米的末。

3. 将切好的原料倒入盆中，放入调料翻拌均匀即可。

## 菜品特点

色彩艳丽，咸鲜微辣，清凉爽口。

**操作关键**

1. 先将调料与三末拌和后再放入海参，以防出水。

2. 上菜前再加调料拌制，以保证口感。

### 饮食与健康

海参中含有人体所需的多种营养元素，有利于滋补五脏、修补机体功能、提高免疫力、补气补血、益精补肾、美容养颜、延缓衰老。非常适合老年人、营养不良人群和处于手术恢复期的病人食用。海参与辣椒、大葱、香菜拌和在一起食用，有利于开胃健脾、刺激食欲、健脑益智等。

制作人：王华东

# 香熏鲈鱼

## 菜品说明

采用糖熏的方法，不仅使菜品色泽红亮，还能遮蔽异味，产生诱人的香气，此外，还有延长保质期的作用。在黄河口地区，熏制品十分丰富，如史口烧鸡、熏鱼、熏肉、香熏乳鸽、熏鸡翅、熏肠、熏豆腐等。

## 主要用料

海鲈鱼1条（约1.5千克）、大葱15克、姜10克、料酒50克、粗盐100克、八角2粒、花椒10克、香叶1克、小茴香3克、白糖30克。

**制作过程**

1.将海鲈鱼去鳞去鳃，取出内脏，清理干净；从腹部下刀，一片为二（背相连）。

2.锅内放入粗盐、八角、花椒、香叶、小茴香，小火炒香，倒出晾凉备用。

3.将炒好的材料均匀地涂抹在鲈鱼上，腌制12小时取出，放在阴凉通风处晾晒48小时。

4.将风干好的鲈鱼清洗干净，加入葱、姜、料酒，放入蒸车内，蒸15分钟取出。

5.熏锅锅底放入白糖；再放上铁篦子，将蒸好的鲈鱼放在上面；盖上锅盖，大火加热至冒白烟，熏2—3分钟即可。

6.食用时改刀，装盘。

操作关键

1.要控制好腌制和风干的温度与湿度，以防变质。

2.风干至七成左右，不可过度。

3.控制好熏制的火候，防止鲈鱼变黑、产生焦苦味道。

**菜品特点**

色泽红亮，肉质紧实，烟熏味浓。

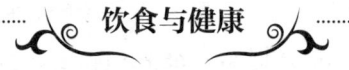

**饮食与健康**

鲈鱼中富含蛋白质、维生素A、维生素B、钙、镁、锌、硒等营养元素，有利于补肝肾、益脾胃、化痰。鲈鱼肉质紧实、滋味浓厚，烟熏后会产生一些对健康不利的成分，不建议经常食用。

制作人：刘新华

# 咸菜酥鲫鱼

## 菜品说明

　　酥是一种烹调方法，分为硬酥和软酥两种。原料经过油炸再放入汤汁中加热成熟的，被称为硬酥；原料不经过油炸直接放入汤汁中加热成熟的，被称为软酥。酥鱼在山东、河北流行较广。用来制作酥鱼的有鲫鱼、鲤鱼、鳊鱼、白鲢鱼等。这些鱼类的共同特点是乱刺多、骨头硬，食用起来很不方便，但采用酥的制作方法，既能达到骨刺酥软、质地软烂的效果，又能保持鱼体完整。

## 主要用料

　　鲫鱼 10 条（约 2 千克）、老咸菜 300 克、大葱 30 克、姜 30 克、花椒 5 克、料酒 20 克、米醋 80 克、老抽 50 克、白糖 35 克、味精 10 克、干辣椒 15 克、八角 2 粒、香叶 3 克、小茴香 5 克、白菜帮 500 克、葱油 50 克。

**制作过程**

1. 将鲫鱼去鳞去鳃，取出内脏，洗净；老咸菜切成 1.5 厘米厚的片，用清水浸泡 1 小时；葱、姜洗净切成大片。

2. 将鲫鱼放入七成热的油锅中炸至表面干爽，待鱼体呈金黄色时捞出，沥油。

3. 起锅加入葱油、干辣椒、葱、姜、香料炒香，烹入米醋、料酒，加入清水、其他调料烧开，倒入盆中备用。

4. 砂锅洗净底部，铺上老咸菜、葱、姜，再摆上炸好的鲫鱼，倒入调好的汤汁，大火烧开，打净浮沫，将白菜帮覆盖在鲫鱼上，盖上锅盖，用微火加热 4—5 小时，关火静置，晾凉。

5. 打开砂锅盖，取出白菜帮、鲫鱼、咸菜，装盘即可。

操作关键

1. 要用微火长时间加热，防止煳锅。

2. 可用高压锅制作，烹制速度更快。

3. 爆锅后要烹醋，保证香味。

4. 晾凉后再取出鲫鱼，防止鱼体破碎。

**菜品特点**

咸鲜味美，骨酥肉嫩，回味醇香。

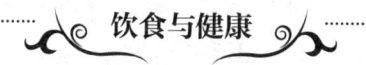

**饮食与健康**

鲫鱼中富含优质蛋白，易被人体消化吸收，可补充营养，增强抗病能力，对病后体虚者大有益处。咸菜中富含膳食纤维，有利于刺激食欲、开胃健脾。但"三高"人群、过敏体质和感冒发烧者尽量少食。

制作人：鞠中华

# 水晶梭鱼

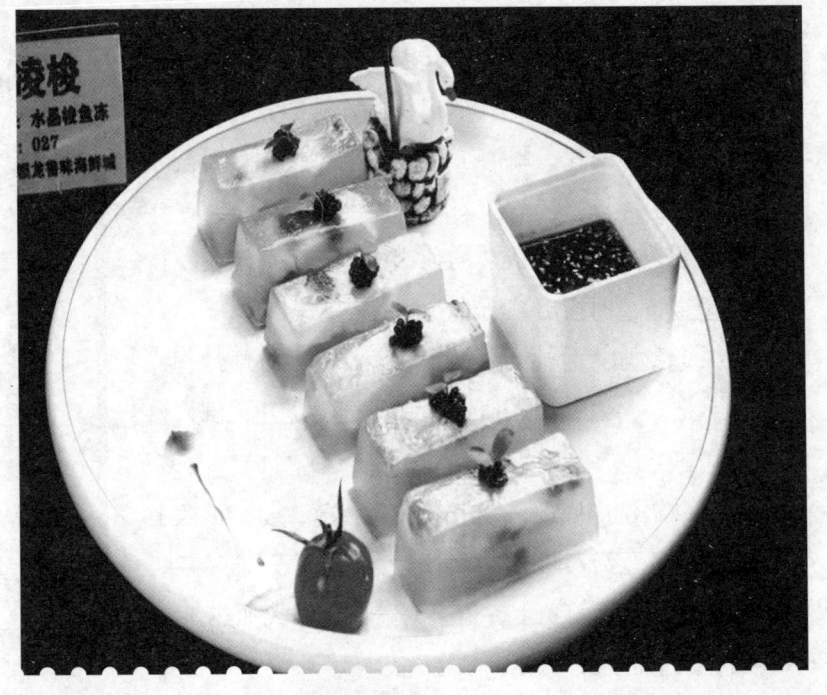

## 菜品说明

在菜肴里，水晶是指透明而有弹性的凝胶，俗称"冻"。制作凝胶的食材主要有动物的皮和结缔组织，还有植物的果胶等。利用凝胶受热熔化的特点，能使原料的味道相互融合；再利用凝胶遇冷凝固的特点，可以塑造出不同形状。常见的菜品有猪皮冻、猪蹄冻、狗肉冻、兔子冻、鱼冻、蹄筋冻、毛肚冻等。

## 主要用料

鲜梭鱼1千克、生猪皮500克、盐25克、味精5克、白糖5克、料酒50克、大葱30克、姜10克、花椒3克、八角1粒、香叶2克、小茴香3克、碱面2克。

## 制作过程

1.将猪皮放入锅中，加入水、料酒、葱、姜，煮开，打去浮沫，煮3分钟捞出；除去残毛，刮去油脂，切成丝。

2.将猪皮丝放入盆内，加入碱面、盐、温水，反复揉搓，去除残留的油脂，漂洗干净；再放入盆内，加入调料、香料、清水，用保鲜膜密封，放入蒸车内蒸2小时。

3.将梭鱼宰杀，清理干净，剔下鱼肉，加少许料酒、葱、姜、盐，放入蒸车内蒸熟，取出摆放在鱼盘内。

4.将蒸猪皮的汤汁过滤后倒入鱼盘内，放入冰箱中冷藏，待凝结成冻即可。

5.取出鱼冻，改刀成6厘米长、3厘米宽的条，装盘，带味汁一起食用。

操作关键

1. 猪皮要去除残毛和油脂。

2. 梭鱼要剔除鱼刺，鱼皮要完整。

3. 蒸鱼的时间不要过长。

4. 剔下的鱼骨、鱼头、鱼尾可与猪皮一起蒸制成冻。

## 菜品特点

晶莹剔透，咸鲜适口，清凉爽口。

### 饮食与健康

梭鱼中富含蛋白质和不饱和脂肪酸，有利于提高免疫力、延缓衰老。猪皮、鱼骨、鱼头经过熬制，其中的胶原蛋白能充分溶解于汤中，大大提升了菜品的食用价值，有利于安神养颜，促进大脑发育。鱼冻清爽宜人，一般人群均可食用，海鱼过敏者禁食。

制作人：孙侠

# 椿芽拌开凌梭鱼

## 菜品说明

椿芽拌开凌梭鱼是一道时令菜品，用炸过的咸梭鱼和香椿芽拌制而成。开凌梭鱼被称为"开春第一鲜"，香椿芽是春天采摘的植物，因此，椿芽拌开凌梭鱼带有明显的季节性和浓郁的黄河口地方特色。类似的菜品还有香椿拌黄花鱼、香椿拌鲈鱼、香椿拌马口鱼、香椿拌银鱼等。

## 主要用料

咸开凌梭鱼 200 克、香椿芽 150 克、蒜片 10 克、红辣椒 15 克、味精 3 克、白糖 5 克、辣椒油 15 克、花椒油 5 克、生抽 20 克、米醋 15 克、蚝油 10 克。

## 制作过程

1. 将咸梭鱼用清水浸泡 4 小时，除去部分盐分，洗净沥水。

2. 将咸梭鱼用刀一片为二，放入七成热的油中炸至金黄酥脆，沥油，晾凉；用手把梭鱼肉掰成长条。

3. 将香椿芽清洗干净，焯水，过凉，控净水分，切成段。

4. 盆中加入调料、梭鱼条、香椿芽拌和均匀即可。

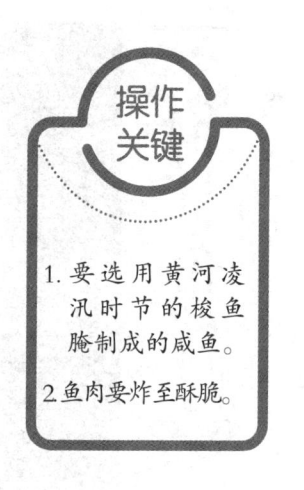

操作关键

1. 要选用黄河凌汛时节的梭鱼腌制成的咸鱼。

2. 鱼肉要炸至酥脆。

## 菜品特点

鱼肉酥脆，椿芽鲜嫩，清爽适口，香气浓郁。

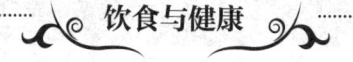

### 饮食与健康

香椿有利于补虚固精、养发生发、消炎止血止痛、理血健胃。香椿在中医里被称为"发物"，有慢性疾病或者在手术恢复期的病人尽量不食。香椿中含有亚硝酸盐，食用前要焯水处理。

制作人：刘霞

# 狗杠鱼酱

## 菜品说明

近年来，黄河口地区流行做酱，除了虾酱以外，又出现了虾皮酱、海兔酱、鲅鱼酱、梭鱼酱、螃蟹酱、鸽子酱、咸菜酱、槐花酱等。其做法大同小异，通常是先将原料蒸熟、炸熟或烤熟，然后打碎，加油及各种调味料进行熬制。味型以咸鲜微辣或咸鲜香辣为主，具有油润芳香、滋味浓重等特点，常配以单饼、窝头、发面饼、馒头等一起食用。

## 主要用料

咸狗杠鱼 1 千克、大葱 100 克、圆葱 150 克、蒜 150 克、姜 100 克、干辣椒 30 克、料酒 200 克、白糖 20 克、蚝油 20 克、黄豆酱 50 克、鸡精 10 克、花椒粉 3 克、胡椒粉 5 克、葱油 500 克。

**制作过程**

1. 将咸狗杠鱼清理干净，放入水中浸泡 12 小时，沥水备用。

2. 锅内放入咸狗杠鱼、大葱、姜、料酒，蒸 15 分钟，取出大的骨刺，用搅拌器打碎备用。

3. 将圆葱、蒜、姜切末备用，干辣椒粉碎备用。

4. 锅内加葱油、圆葱、蒜、姜、干辣椒末炒香；放入鱼泥炒至微黄，加入调料，小火熬制 30 分钟关火，静置 2 小时。

5. 将狗杠鱼酱密封，上笼蒸制 1 小时，晾凉即可。

操作关键

1. 熬制时要注意火候，要不断搅拌，防止煳锅。

2. 熬制完成后要关火静置，促进食材味道融合。

**菜品特点**

咸鲜微辣，油润醇香，回味无穷。

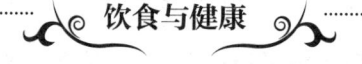

**饮食与健康**

狗杠鱼的食用价值很高，可以为人体提供充足的营养，不仅有利于促进内脏与骨骼的发育，还有利于促进血液循环、调理脾胃。鱼子中含有卵清蛋白、卵类黏蛋白等营养元素，平时适量进食可增强免疫力、健脑益智、养颜美容等。一般人群均可食用，"三高"人群、痛风及尿酸较高者尽量不食。

制作人：郭清明

# 劈柴肉冻

## 菜品说明

春节期间，黄河口人为了招待客人，每家每户都会提前做"过年菜"。如炸藕盒、炸虎头鸡、皮冻花生、炸丸子、卤豆腐、炸带鱼、花生藕丁、酥锅、劈柴肉冻等。这些菜肴的共同特点是可以量产、耐储存、制作方便。皮冻晶莹剔透、清凉爽口、质地紧实而有弹性，是一道家喻户晓的美食。劈柴肉冻口感筋道，是佐酒佳肴，深受人们喜爱。

## 主要用料

生猪皮 500 克、猪头肉 300 克、盐 25 克、碱面 5 克、味精 20 克、白糖 5 克、料酒 50 克、酱油 50 克、大葱 10 克、姜 10 克、花椒 3 克、八角 1 粒、香叶 2 克、小茴香 3 克。

## 制作过程

1. 锅中加水，烧开；将猪皮放入锅中煮5分钟，捞出，冲洗干净，刮净残毛，再冲洗干净；用刀片去其肥膘油脂，切成0.5厘米的细丝，放入温水中，加入盐和碱面，反复揉搓后用清水冲洗干净。

2. 将猪头肉放入卤汤中卤制成熟备用。

3. 锅内加入清水，放入猪皮丝，大火烧开，撇净浮沫，加入调料、香料，转小火煮1小时，放入猪头肉，再加热15分钟，倒入磨具内，压紧实，冷却6小时即可。

操作关键

1. 猪皮去除油脂后，用温水漂洗。

2. 要用小火加热，否则汤汁不清。

3. 食用时可搭配蒜泥或者红油。

## 菜品特点

晶莹剔透，色泽银红，咸鲜清香，清凉爽口。

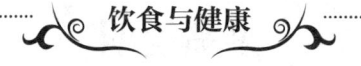

### 饮食与健康

猪皮冻中含有丰富的胶原蛋白，有利于促进皮肤细胞吸收和贮存水分，使皮肤饱满光滑。猪皮冻还有利于补益精血、延缓衰老，非常适合中年女性食用。过量食用猪皮冻容易引起消化不良，老年人应尽量少食。

制作人：牛金光

# 广饶肴驴肉

## 菜品说明

广饶肴驴肉出现于清朝同治年间（1862—1874），由广饶县十一村的崔成文（生于1843年）所创。100多年来，崔家的后人接续传承着肴驴肉的制作技艺，其中"寿春牌"肴驴肉、"福盛牌"肴驴肉、"庆源牌"肴驴肉等都是当地知名品牌。广饶肴驴肉选料严谨，加工精细，深受顾客喜爱。广饶肴驴肉制作技艺已被纳入东营市非物质文化遗产代表性项目名录。

## 主要用料

驴肉5千克、猪骨头5千克、鸡架5千克、盐500克、味精50克、鸡精50克、白糖100克、白酒50克、料酒1千克、八角20克、花椒15克、小茴香10克、桂皮15克、丁香3克、良姜8克、草果10克、肉蔻20克、草豆蔻12克、肉桂12克、白芷5克、砂仁3克、白果3克、山奈2克、姜500克、大葱400克、老汤25千克、胡椒粉20克。

## 制作过程

1. 将驴肉分割成 1—1.5 千克的大块，用清水浸泡 12 小时，其间更换几次水，冲洗干净。

2. 将猪骨头、鸡架焯水洗净，放入锅中，大火烧开，打净浮沫；放入各种香料、料酒、葱、姜，烧开，小火煮制 2 小时；捞出猪骨头、鸡架，制成基础汤。

3. 将各种香料装入香料包，放入基础汤内，加入葱、姜、盐、味精、鸡精，大火烧开，小火加热 30 分钟，使香气透出，即成卤汤。

4. 卤汤内兑入老汤，放入香料包及各种调料，下入驴肉，烧开，打去浮沫，小火焖煮 2—3 小时。

5. 驴肉捞出后用原汤浸泡，入冰箱冷藏 20 小时即可。

操作关键

1. 驴肉块的大小要均匀，不能太小。

2. 驴肉要用原汤浸泡，以便进一步入味。

## 菜品特点

色泽红润，香气浓郁，质地细腻，味透肌理。

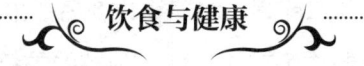

### 饮食与健康

驴肉有利于补气、补虚、补血，对气血不足、体弱多病者有补益作用。驴皮中含有丰富的胶原蛋白，是制作阿胶的主要原料，有利于补血、滋阴润燥。脾胃虚寒者及慢性肠炎、腹泻患者不宜多食。

制作人：崔西涛

# 陈老二肴肉

## 菜品说明

早在 20 世纪四五十年代，陈老二肴肉就已经在利津县盐窝镇销售，其是与利津水煎包、利津咸粥、利津锅饼齐名的地方美食。70 多年来，陈老二肴肉不断改进制作工艺，形成了独特的香料配方，产品因软烂浓香而广受认可，主要销往东营、滨州及周边城区。

## 主要用料

猪下货两套（约 40 千克）、盐 2 千克、大葱 500 克、姜 500 克、料酒 500 克、八角 12 克、花椒 10 克、猪骨头 5 千克、醋 1 千克、面粉 30 克、味精 500 克、白糖 100 克、鸡精 500 克、草果 5 克、肉蔻 8 克、陈皮 4 克、山奈 8 克、小茴香 12 克、甘草 8 克、白蔻 6 克、大红袍花椒 20 克、莳萝子 5 克、八角 30 克、香叶 12 克、砂仁 6 克、千里香 8 克、丁香 3 克、草豆蔻 8 克。

## 制作过程

1. 将猪骨头洗净，放入清水中焯水，大火烧开，打净浮沫；放入各种香料、料酒、葱、姜，烧开，再次打净浮沫，煮制 2 小时，关火静置 30 分钟；捞出猪骨头过滤后再次烧开，制成基础汤。

2. 将各种香料装入香料包，放入基础汤内，加入盐、料酒、白糖、味精、鸡精，大火烧开，小火加热 30 分钟，即成卤汤。

3. 将猪头、猪蹄、猪耳朵用喷枪烧去残毛，刮洗干净；猪大肠、猪小肠、猪肚摘净油脂，加入盐和醋反复揉搓，去除黏液，再用面粉反复揉搓，冲洗干净；猪肺的气管套在水龙头上，用清水反复冲洗猪肺，直至其变白；猪肝、猪心用盐水浸泡后冲洗干净。再将以上食材焯水备用。

4. 将猪头、猪蹄、猪耳朵放在一个卤锅内；猪肝、猪心、猪肺放在一个卤锅内；猪大肠、猪小肠、猪肚放在一个卤锅内。分别加入香料包，大火烧开，打净浮沫，用中火加热 40 分钟，关火静置 1—2 小时使其入味均匀。这期间，根据不同食材的成熟度，及时捞出。

**操作关键**

1. 猪肝要用中火煮制，以保持细腻的口感。

2. 要按照食材的性质分别卤制，防止串味，并实现同时煮熟。

3. 用卤汤浸泡，可使味道均匀。

## 菜品特点

色泽自然，咸香醇厚，香气扑鼻。

### 饮食与健康

猪下货中富含蛋白质、维生素 A、维生素 B2、铁等营养元素，有利于补中益气、强肾固精、促进生长发育。猪肝、猪心中含有大量有机铁，是常见的补铁食材。猪下货中含有较多脂肪，因此肥胖者、痰湿体质者，以及高血脂、高血压患者要慎食。

制作人：陈学志

# 博昌熏肉

## 菜品说明

　　史口镇古称博昌镇。博昌熏肉出现于 1890 年前后，由祥字号饭庄的王连喜所创。经过五代人的接续传承，博昌熏肉现已发展成为一家集烧鸡、熏鹅、卤肉、熏肉等为一体的肉食品加工企业，部分产品被山东省商务厅授予"齐鲁名吃"称号。博昌熏肉加工工艺复杂，可分为低温脱酸、高温脱油、腌制入味、老汤卤煮、糖熏上色等步骤，其制作技艺被纳入东营区非物质文化遗产代表性项目名录。

## 主要用料

　　猪头 25 千克、糖色 1 千克、猪骨浓汤 50 千克、盐 1 千克、料酒 1 千克、大葱 500 克、姜 300 克、白糖 300 克、红糖 150 克、酱油 100 克、味精 300 克、花椒 20 克、八角 20 克、桂皮 15 克、肉蔻 15 克、草果 10 克、山柰 10 克、丁香 2 克、小茴香 20 克、白芷 8 克、白蔻 15 克、草豆蔻 15 克、陈皮 15 克、甘草 10 克、香果 20 克、香砂 10 克、香叶 10 克、良姜 10 克、干香菇 20 克。

## 制作过程

1.将猪头放入盆中,加入清水、盐浸泡 3—4 小时,除去血水;用小刀将猪头表面的细毛刮洗干净。

2.锅内加入清水、姜、料酒、葱、猪头,大火烧开,撇去浮沫,转中火煮 5 分钟;将猪头捞出洗净,放入蒸锅内蒸 10 分钟,取出,将盐均匀地抹在猪头表面,腌制 40 分钟。

操作关键

1. 卤制时间不能低于 2 小时。

2. 焯水时的配料要放足,除去涩味。

3.将各种香料装入香料包,放入猪骨浓汤内,加入糖色、盐、白糖、味精、酱油,煮出香味,放入猪头中,焖煮 2 小时,待到猪头软烂时将其捞出。

4.将猪头摆放在熏锅内,锅底撒上白糖和红糖,盖上锅盖,加热至锅内的糖冒白烟,待猪头表面熏至成枣红色即可。

## 菜品特点

脱脂不腻,咸鲜醇香,烟熏味浓,口感筋道。

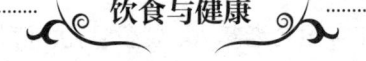

## 饮食与健康

猪头肉性平、味甘,有利于润肠胃、生津液、补肾气、滋肝阴、润肌肤、利小便、止消渴、解热毒等。猪头肉经过脱脂处理后,脂肪相对减少,养生效果明显提升。但湿热痰滞内蕴、肥胖、高血脂者要少食。

制作人:赵锦江

# 海带卷肘

## 菜品说明

　　海带卷肘是广饶县的一道传统美食，也是春节期间家庭必备的凉菜之一。以散养黑猪肉和海带为原料，用酥的烹调方法制作而成，菜品肉香四溢、质感软烂，非常适合老年人、儿童食用。海带卷肘适合批量加工，因此，经常出现在酒店的菜单中。

## 主要用料

　　黑猪肘肉 150 克、干海带 500 克、陈醋 150 克、酱油 50 克、盐 2 克、味精 3 克、料酒 30 克、白糖 10 克、五香粉 6 克、大葱段 50 克、姜片 20 克、蒜瓣 20 克。

**制作过程**

1.将黑猪肘肉洗净,切成4厘米粗的长条,加入盐、味精、料酒腌制入味。

2.将海带洗净,泡软,取其平整的部位,把肘子肉条卷起来,用麻绳捆扎紧实。

3.砂锅底部先铺一张竹笆,再铺一层葱、姜、蒜,然后摆放上海带卷,放入各种调料,加水烧开,转小火加热3小时,关火晾凉。

4.取出海带卷,去掉麻绳,改刀装盘,浇上汤汁即可。

操作关键

1. 海带要卷紧卷实,且粗细均匀。

2. 要用小火加热,保持海带卷外形完整。

**菜品特点**

色泽酱红,质地酥烂,味道咸鲜微带酸甜,香气浓郁。

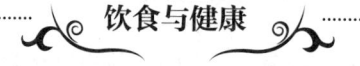

**饮食与健康**

海带中含有碘,能够预防甲状腺肿;还含有丰富的可溶性膳食纤维,可以刺激肠胃蠕动。肘子中胶原蛋白的含量十分丰富,有利于通肠润便、美容养颜、滋阴润燥、补肝益肾、强健筋骨等。一般人群均可食用,对海带过敏者禁食。

制作人:丁志国

# 孟氏肴猪蹄

## 菜品说明

　　肴指做熟的鱼或肉，在黄河口地区，肴出现的频率很高，比如肴驴肉、肴鸡、肴猪头肉、肴蹄、肴兔等。这些菜品的制作过程大同小异，好吃的关键在于一锅卤煮的老汤和一个秘制的香料包。由于制作者使用的老汤和香辛料存在差异，便形成了各种香型和口味。

### 主要用料

　　猪前蹄 10 千克、大葱 100 克、姜 100 克、东古一品鲜酱油 500 克、味达美酱油 500 克、盐 500 克、味精 300 克、冰糖 200 克、料酒 300 克、八角 12 克、草果 3 克、陈皮 5 克、花椒 6 克、桂皮 8 克、香叶 6 克、白芷 4 克、小茴香 10 克、丁香 2 克、甘草 3 克、肉蔻 4 克、猪骨浓汤 15 千克、色拉油 30 克。

## 制作过程

1. 将猪蹄用喷枪烧净残毛，放入盛器中冲水浸泡2小时；刮净焦煳的表皮和毛根，再用清水浸泡4小时，洗净备用。

2. 猪蹄凉水下锅，放入料酒、葱、姜，大火烧开，撇净浮沫，煮10分钟捞出，过凉水，冲洗干净备用。

3. 锅内加水、色拉油，烧开，放入冰糖炒至溶化，待糖液由稠变稀、色泽呈鸡血红色时加入开水，炒成糖色。

4. 将葱、姜和各种香料一起装入香料包内，封闭袋口。

5. 在不锈钢桶内加入猪骨浓汤，烧开，放入各种调料、糖色和香料包煮5分钟，再放入猪蹄，大火烧开，撇净浮沫，转小火加热3—4小时，关火静置2小时，晾凉即可。

**操作关键**

1. 猪蹄要刮干净。

2. 猪蹄焯水时要煮透，去除血水和腥味。

3. 要用小火焖煮，保证猪蹄熟烂。

4. 带冻食用，味道更浓。

## 菜品特点

颜色红亮，口感软糯，酱香浓郁。

### 饮食与健康

猪蹄中富含蛋白质、微量元素，有利于提高机体免疫力、养颜美容、强壮筋骨、健脾和胃、促进儿童生长发育。猪蹄还能帮助孕妇催乳下奶、恢复体质。在汤中添加理气、健脾、开胃的香辛料，既有利于去腥增香的作用，又大大提高了食材的保健效果。猪蹄中脂肪含量较高，食用过多会消化不良，脾胃虚弱者应少食。

制作人：孟庆元

# 风味卷肘

## 菜品说明

卷肘，也叫卷肘子、卷肘花，是一道传统凉菜，有生卷与熟卷两种做法。将生肘子剔骨后腌制，再卷起来卤制成熟的为生卷；而将生肘子卤熟后再卷起来的被称为熟卷。卷肘子的关键在于卷紧卷实，不留空隙，这样更有利于刀工成形。在卷肘子的基础上，通过重压或使用模具，还能制成其他形状，各式各样的卷肘子是酒店常用凉菜之一。

## 主要用料

猪肘子 10 千克、大葱 100 克、姜 100 克、东古一品鲜酱油 500 克、味达美酱油 500 克、盐 450 克、味精 300 克、冰糖 200 克、料酒 300 克、八角 6 克、草果 3 克、陈皮 3 克、花椒 6 克、桂皮 8 克、香叶 6 克、砂仁 2 克、小茴香 10 克、肉蔻 4 克、猪骨浓汤 15 千克、黄瓜条 80 克、小葱 60 克、单饼 10 张、青椒酱 30 克、红椒酱 30 克、蒜泥 20 克。

## 制作过程

1. 将猪肘子用喷枪烧净表面毛发，浸泡 2 小时，刮净焦煳的表皮与毛根，再浸泡 4 小时，除尽血污；放入凉水锅中，加入料酒、葱、姜，大火烧开，撇净浮沫，煮 10 分钟捞出，冲洗干净备用。

2. 锅内加水、色拉油，烧开，放入冰糖炒至溶化，中火炒至糖溶呈血红色时加入开水，即是糖色。

3. 将各种香料包成香料包。

4. 在不锈钢桶内加入猪骨浓汤、各种调料、糖色、香料包、猪肘子，大火烧开，撇净浮沫，转小火加热 2 小时，关火静置 2 小时。

5. 将卤好的猪肘子趁热取出骨头，皮朝外用保鲜膜卷成圆柱状，用牙签扎上孔，自然放凉后放入冰箱冷藏。

6. 将卷好的猪肘子去掉保鲜膜，切成圆片，摆放在盛器内，配黄瓜条、小葱、单饼、青椒酱、红椒酱、蒜泥一起食用。

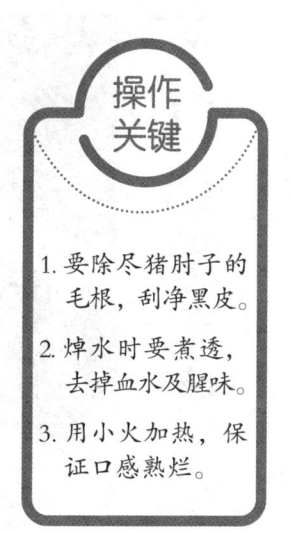

**操作关键**

1. 要除尽猪肘子的毛根，刮净黑皮。

2. 焯水时要煮透，去掉血水及腥味。

3. 用小火加热，保证口感熟烂。

## 菜品特点

颜色红亮，口感软糯，酱香浓郁。

**饮食与健康**

猪肘子酥烂而不失嚼头、滋味醇厚，营养价值与食用价值高。猪肘子中富含蛋白质、脂肪、微量元素，有利于提高免疫力、养颜美容、强身健体、健脾和胃、促进儿童生长发育；还有利于助孕妇催乳下奶、恢复体质与改善体形的作用。在卤制过程中添加了多种有益健康的中药材，大大提高了猪肘子的养生与保健效果。一般人群均可食用，但猪肘子脂肪含量较高，一次食用不宜过多。

制作人：葛中运

# 白切滩羊肉

## 菜品说明

　　羊肉是大多数人喜欢的食材，烹饪方法多种多样，但用来制作凉菜相对较少。其原因在于普通羊肉的膻味较重，在冷吃时膻味更加明显。因此，用羊肉制作凉菜，对羊肉的品质和加工技术要求较高。而黄河口滩羊具有腥膻味小、肉质细嫩、瘦而不柴、色泽鲜亮等特点，故既可制作热菜，也可制作凉菜。

## 主要用料

　　带皮滩羊肉 1.5 千克、盐 15 克、味精 5 克、料酒 50 克、大葱 10 克、姜 10 克、花椒 3 克、八角 2 克、香叶 2 克、小茴香 3 克、白芷 5 克。

## 制作过程

1. 用喷枪烧去羊肉表皮的残毛，刮洗干净，放入水中浸泡 3 小时，除去血水，洗净。

2. 将羊肉放入锅中，加入清水、葱、姜、料酒，大火烧开，打去浮沫，煮 5 分钟捞出，冲洗干净。

3. 将葱、姜、香料装入香料包，备用。

4. 将羊肉放入清水锅中，大火烧开，撇净浮沫，加入调料和香料包，大火烧开，用小火焖煮 1.5—2 小时，静置 2 小时，晾凉备用。

5. 取出羊肉，切成薄片摆放在盘内，带味汁一起食用。

**操作关键**

1. 羊肉不要用大火煮，否则肉质较柴。

2. 羊肉要放在原汤中浸泡，以便入味。

## 菜品特点

肉质细嫩，咸鲜醇厚，气味芳香。

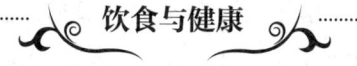

### 饮食与健康

羊肉性温，富含蛋白质、钙、铁、维生素 C 等，有利于补肾益精、强身健体、驱寒暖身、补血益气、开胃健脾、促进身体发育。尤其适合冬季食用，有利于提高机体御寒能力。老年人可食，但不可多食。口舌生疮、咳吐黄痰等上火症状者应少食。

制作人：郭兆永

# 小二牛肉

## 菜品说明

　　小二牛肉精选纯牛腱子肉，经浸泡、焯水、卤煮、焖制、汤泡等步骤加工而成。此菜具有选料精、做工细、肉质烂、滋味透等特点，搭配小葱、香辣酱，用小饼卷着吃，别有一番风味，是一道经久不衰的佳肴。

## 主要用料

　　牛腱子肉 27.5 千克、老汤 15 千克、姜 1 千克、猪皮 2.5 千克、酱油 2.5 千克、面酱 1 千克、老抽 500 克、盐 1.5 千克、玫瑰露酒 150 克、白酒 150 克、味精 200 克、糖色 250 克、香叶 10 克、花椒 150 克、八角 100 克、草果 20 克、砂仁 20 克、小茴香 50 克、肉桂 50 克、罗汉果 2 个、红麻椒 20 克、白芷 30 克、千里香 10 克、香砂 12 克、白蔻 15 克、甘草 10 克、陈皮 10 克。

## 制作过程

1. 将猪皮洗净，煮 10 分钟，捞出漂洗干净，刮去油脂和表面毛发。

2. 将牛腱子肉放入水中，加入盐，浸泡 12 小时，除尽血水，捞出洗净；再放入冷水锅中，煮开后打去浮沫，捞出洗净，摆放在卤锅内。

3. 将各种香料包成香料包。

4. 在卤锅中加入矿泉水、老汤、各种调料、香料包、猪皮等，大火烧开，打去浮沫，转小火焖煮 2 小时，关火后焖 4 小时即可。

## 菜品特点

色泽酱红，肉质细腻，酱香浓郁。

**操作关键**

1. 要选用带筋的牛腱子肉，其表面要完整。

2. 牛腱子肉要浸泡，除去血污和异味。

3. 牛腱子肉焯水时要冷水下锅，卤制过程中要翻动 3 次。

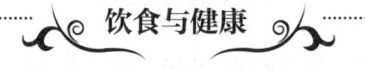

## 饮食与健康

牛肉性平、味甘，归脾经、胃经，有利于补脾胃、益气血、强筋骨、消水肿、长肌肉、强力量等。牛腱子肉的脂肪含量低，更适宜肥胖人群及心脑血管患者食用。牛肉属于红肉类，含铁丰富，也适宜缺铁性贫血人群食用。

制作人：李武润

# 乡村牛肉垛子

## 菜品说明

　　肉垛子是鲁西南地区的传统烹饪技艺，牛肉、羊肉均可制作成肉垛子。每逢过年，集市上会有传统手艺人出售肉垛子。垦利区永安镇和黄河口镇的人民大都是从鲁西南地区移民而来，肉垛子的烹饪技艺也就由此在永安镇和黄河口镇生根发芽。牛肉营养价值极高，随着人们生活水平的提高，牛肉越来越受食客喜欢，牛肉垛子也成为餐桌上的佼佼者。

## 主要用料

　　牛腱子肉5千克、牛蹄筋1.5千克、大葱50克、姜50克、老庞家煮肉料1袋、老抽8克、味达美酱油30克、白糖20克、盐18克、花雕酒100克、蚝油50克、干辣椒3克、八角5克、花椒3克、陈皮6克、草豆蔻3克、小茴香2克、桂皮6克、肉蔻1粒、香叶5片、沙姜5克、甘草2克、香茅1克。

**制作过程**

1.将牛腱子肉切成1.5千克的块,除去血水备用;牛蹄筋用温水浸泡,洗净沥水;葱、姜去皮,洗净沥水;干辣椒用清水浸泡回软再挤干水分。

2.将牛蹄筋过水,切成3厘米的块备用;葱、姜切成大片。

3.将各种香料装入香料包,放入开水锅中煮制2分钟,沥水。

4.将牛肉放入凉水锅中,焯水,过凉,冲洗干净沥水;牛蹄筋放入开水锅中,焯水,冲洗干净。

5.汤桶内加入清水,香料包内放入葱片、姜片、老庞家煮肉料、干辣椒,系好后放入汤桶内;放入牛蹄筋,加入调料,调色、调味,小火熬煮3个小时,静置40分钟。牛蹄筋软烂后,再放入牛肉,用中小火煮制2小时至牛肉成熟,静置1小时。取出牛肉、牛蹄筋装盆,原汤浓缩后晾凉,注入肉盆内,刚刚漫过牛肉即可。

6.牛肉晾凉后,用盆和菜墩压制4小时。

7.取出牛肉垛子,改刀为巴掌大小的0.3厘米厚的大片装盘。

操作关键

1. 牛腱子肉、牛蹄筋焯水后要用清水冲洗。

2. 要用小火焖煮,火大会影响肉质口感。

3. 晾凉装盆后一定要压紧实。

**菜品特点**

红润透亮,肉质细腻,清爽清香。

饮食与健康

牛肉性平、味甘,归脾经、胃经,有利于补脾胃、益气血、强筋骨、消水肿等。牛肉对增长肌肉、增强力量很有效果,一般人群均可食用。

制作人:郭清明

# 西刘桥狗肉

## 菜品说明

　　西刘桥是广饶县码头镇的一个乡村，因一道美食——"狗肉冻"而出名，故有"西刘桥狗肉"这一名称。早在 20 世纪 80 年代，西刘桥狗肉便在东营市流行，因肉质软烂、味道醇香、口感清爽、香气宜人，很快成为本地区的畅销品。西刘桥狗肉属于冷食带冻狗肉，特别适合冬季食用，是人们十分喜欢的佐酒美味。

### 主要用料

　　狗肉 10 千克（不带皮、留骨）、姜 1 千克、大葱 300 克、八角 20 克、盐 120 克、干辣椒 100 克、老酱油 300 克。

## 制作过程

1. 将狗肉分割成大块，冲洗干净，放入清水中，加盐，浸泡 24 小时，除尽血水（中途换水 2 次）。

2. 将葱、姜各 100 克切成细丝，剩余的葱、姜拍松，斩成块；干辣椒洗净，沥水。

3. 将狗肉放入清水锅中，加入葱、姜、八角、干辣椒，大火烧开，打净浮沫，持续加热 10 分钟，这期间不断打去浮沫，直至没有浮沫；转小火煮制 60 分钟，加盐，再加热 30 分钟后关火，静置 40 分钟。

4. 捞出狗肉，晾凉，取下骨头，去净肥肉与筋膜，撕成长约 6 厘米的条，备用。

5. 将剔下的骨头砸碎，放入原汤中煮 90 分钟，捞出葱、姜、八角，过滤掉骨渣，再用小火熬至汤汁浓稠黏手，放入狗肉、葱丝、姜丝、老酱油，加热 30 分钟；倒入大盆内，静置冷却，待肉汤凝固成冻时即可。

操作关键

1. 狗肉要用清水浸泡，除尽血水和土腥味。

2. 煮狗肉时要用小火，确保原汤清澈干净。

3. 原汤要熬至有黏手的感觉，才能成冻。

## 菜品特点

色泽美观，肉质软烂，咸鲜清爽，香气浓郁。

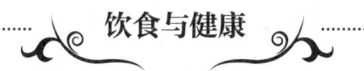

### 饮食与健康

狗肉中富含蛋白质，有利于温补脾胃、补肾助阳、壮力气、补血脉。食用狗肉有利于增强体魄，提高消化能力，促进血液循环，还可缓解四肢厥冷，增强抗寒能力。咳嗽、感冒、发热、腹泻和阴虚火旺者不宜食用。

制作人：吴振兴

# 手撕肴兔

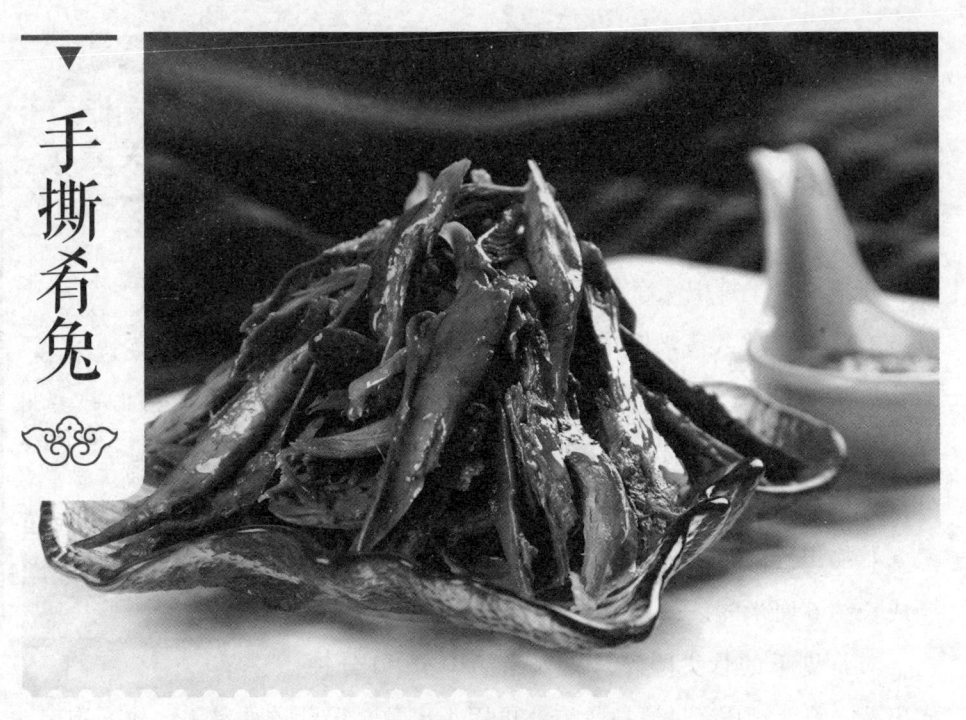

## 菜品说明

黄河口地区兔子资源丰富，冬季素有吃兔子的习惯，肴兔、炖兔、炒兔均是典型的地方风味。在众多用兔子制作的美食中，肴兔非常受欢迎。兔子属于低脂肪、高蛋白食材，肉质细腻，肴制以后带冻食用，清凉爽口、肉质鲜美。

## 主要用料

白条兔子50只、盐700克、味精600克、鸡精600克、猪骨头10千克、猪皮5千克、笨鸡5只（或鸡架10千克）、大葱150克、姜100克、草果6克、肉蔻5克、陈皮3克、山柰6克、小茴香8克、甘草12克、白蔻3克、大红袍花椒50克、莳萝子2克、八角12克、香叶5克、砂仁5克、桂皮10克。

## 制作过程

1. 将兔子掏净内脏，冲洗干净，放入清水中浸泡12小时（换水4次），沥干水分。

2. 将猪骨头、猪皮、鸡剁成大块，洗净后放入锅中，大火烧开，打净浮沫，注入生水，再次开锅，打净浮沫（共循环3次）；转中火煮制1小时使汤色浓白，取出猪骨头、鸡块，即成基础汤。

3. 将各种香料用清水洗净并控水，放入热锅中煸炒出香味，装入香料包备用。

4. 在基础汤中加入盐、味精、鸡精、香料包，小火煮制30分钟，即成卤汤。

5. 将处理好的兔子放入卤汤中，大火加热，开锅后打净浮沫，转小火加热2小时，中间要翻动几次使其受热均匀。

6. 关火静置，浸泡3—4小时，取出兔子，并将其装入盆中，注入老卤汤漫过兔子直至老汤冷却呈冻。

7. 将肴兔取出撕成条状，装盘即可。

**操作关键**

1. 用猪骨头、猪皮等吊汤，可使汤汁醇厚而且含有一定胶质。

2. 每次制作肴兔时要更换香料包、葱、姜，葱、姜要放入香料包中。

3. 卤制时保持小火即可，大火会使肉质发柴。

4. 卤好的兔子要放入卤汤中浸泡，随食随取。

## 菜品特点

色泽红亮，肉质细嫩，香气四溢。

### 饮食与健康

兔肉中含有的卵磷脂，是大脑和其他器官发育不可缺少的物质。因此，兔肉有健脑益智的功效。兔肉中还含有多种维生素和人体所需的氨基酸，有利于修补机体功能、补气强身、养颜美容。兔肉极易被人体消化吸收，除脾胃虚寒者以外，其他人群均可食用。

制作人：李海峰

# 捞拌蛏子

## 菜品说明

　　蛏子肉质软嫩，味道鲜美，用途广泛，既可用来做汤，也可用来炒蛋，还可用来制作凉菜。捞拌蛏子是近几年才流行起来的一道菜，其属于复合味型，刺激感十足，自推出后便受到年轻人的喜爱。最初，捞拌汁都是由厨师自己调制的，后来，许多调料生产厂家看到了商机，研发并生产出成品的捞拌汁，使用起来方便快捷，省去了自己制作的麻烦。

### 主要用料

　　海蛏 400 克、黄瓜 100 克、香菜 15 克、红辣椒 10 克、盐 10 克、海鲜捞汁 150 克、蒜末 20 克、香油 5 克、辣椒油 15 克、蚝油 10 克。

## 制作过程

1.将海蛏放入盐水中静置40分钟，待海蛏吐净泥沙，捞出冲洗干净；将海蛏放入开水中烫至开口，捞出，取出净肉，摘去筋膜，放回原汤中浸泡备用。

2.将红辣椒、黄瓜洗净，分别切成0.2厘米细的丝；香菜切成3厘米长的段。

3.将各种调料放入碗中调和均匀，制成捞拌汁。

4.先将黄瓜丝放入汤碗中垫底，再将蛏子肉整齐地码放在黄瓜丝上面，撒上红辣椒丝、香菜段；将调好的捞拌汁浇在原料上即可。

操作关键

1.海蛏吐尽泥沙后才可捞出冲洗。

2.捞拌汁要在食用前浇在食材上，以防出水。

## 菜品特点

咸鲜酸辣甜五味俱全，口感软嫩，清爽宜人。

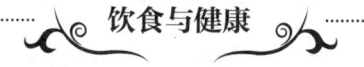

饮食与健康

海蛏中富含蛋白质、钙、镁、铁、硒、维生素A等营养元素，有利于清热解毒、养阴补虚、利尿消肿。海蛏与黄瓜荤素搭配，食用价值较高。捞拌汁中的醋有利于杀菌消毒、刺激食欲、促进消化。但脾胃虚寒及尿酸较高者应少食。

制作人：胡乐乐

菠菜拌毛蛤

## 菜品说明

　　黄河口地区滩涂广袤，盛产毛蛤，产出的毛蛤肉质肥厚、质地鲜嫩。毛蛤常见的做法有姜汁毛蛤、菠菜拌毛蛤、辣炒毛蛤、毛蛤辣糊糊等。菠菜拌毛蛤是一道经久不衰的传统凉菜，至今仍在酒店菜单中频繁出现。虽然各地的做法不尽相同，但味型基本接近，以咸鲜酸辣口味居多，有的加蒜泥，有的加姜末，有的加辣根或芥末，还有的加辣椒油，但不论哪种做法，蒜泥和醋都是不可缺少的调料。

### 主要用料

　　菠菜 300 克、毛蛤 400 克、香醋 25 克、蒜泥 30 克、生抽 20 克、白糖 5 克、香油 15 克、辣椒油 5 克、盐 4 克、味精 3 克。

## 制作过程

1.将菠菜摘去老叶和根，切成寸段，放入开水中焯水，捞出后用纯净水过凉，挤干水分备用。

2.在清水中加入适量的盐和香油，放入毛蛤静养4小时，让其吐尽泥沙；再将其放入凉水锅中煮至开口，捞出，去壳取肉，备用。

3.盆中加入各种调料，拌和均匀备用。

4.先放入菠菜调拌均匀，再加入蛤肉调拌均匀即可。

操作关键

1. 毛蛤要处理干净，不能有沙子。

2. 为保持菠菜的口感，菠菜焯水的时间不宜过长。

## 菜品特点

色泽美观，咸鲜酸辣，质地软嫩，清凉爽口。

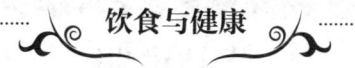

饮食与健康

毛蛤中富含蛋白质、无机盐及维生素，有利于健脑益智、健脾和胃、润肠通便、美肤养颜等。菠菜中富含膳食纤维、维生素和无机盐，有利于预防便秘、补血、延缓衰老。

制作人：王庆华

# 黄瓜拌虾皮

## 菜品说明

黄瓜拌虾皮是一道家常凉菜，是在拌黄瓜片的基础上添加虾皮制作而成的。在这道菜里，虾皮的用量虽然不大，但却是调味的关键，是鲜味的主要来源。黄瓜拌虾皮咸鲜香辣、清香怡人，是佐酒之佳肴。

### 主要用料

嫩黄瓜 300 克、无盐虾皮 40 克、蒜泥 30 克、味精 3 克、盐 5 克、香油 10 克、葱油 10 克。

## 制作过程

1. 将黄瓜洗净，顶刀切成 0.2 厘米厚的片。

2. 在蒜泥中加入盐、味精、葱油、香油，调和均匀。

3. 先将黄瓜片和一半的虾皮放入盆内，加入调好的蒜泥拌匀，装盘，再在表面撒上另一半虾皮即可。

## 菜品特点

味道鲜美，蒜香浓郁，清脆爽口。

**操作关键**

1. 黄瓜不要切得太薄，否则容易出水，影响口感。

2. 先将蒜泥与调料拌和均匀，再与黄瓜拌和。

3. 调拌后要及时食用，以防出水。

### 饮食与健康

虾皮中富含氨基酸、无机盐和维生素，钙、磷、镁的含量极其丰富，有利于促进骨骼组织生长、强身健体。黄瓜有利于抗衰老、减肥、安神、养颜，用蒜泥拌食还有利于杀菌消毒、促进食欲。一般人群均可食用。

制作人：田小平

# 老虎菜拌海螺

## 菜品说明

　　海螺是一种常见的贝类，因其肉质脆嫩、味道鲜美而备受人们喜爱。海螺的烹饪方法比较丰富，既可以爆炒，又可以水煮，还可以凉拌。将味道浓烈、清脆爽口的老虎菜与海螺片拌和在一起，既增加了海螺片的味道，还丰富了菜肴的口感。老虎菜拌海螺是一道美味的佐酒佳肴。

### 主要用料

　　海螺 1 千克、大葱 60 克、香菜 60 克、青辣椒 80 克、老咸菜 50 克、干辣椒 5 克、味精 6 克、白糖 5 克、生抽 20 克、米醋 10 克、香油 20 克、葱油 10 克、面粉 200 克、盐 6 克、白醋 20 克。

## 制作过程

1.将海螺用刀拍碎外壳，取出螺肉，放入盆内，加入盐、白醋反复揉搓，除去黏液，再放入面粉反复揉搓，用清水冲洗干净。

2.将螺肉用刀片成0.2厘米厚的片，焯水，用纯净水过凉。

3.将大葱、香菜、青辣椒切成0.3厘米的末。

4.将老咸菜切片浸泡，淡化咸味，焯水，切成细末。

5.将干辣椒用炭火烤焦或者放入锅内焙干炒焦，晾凉，放入石臼中捣碎备用。

6.将螺片、三末、咸菜末及各种调料倒入盆中拌匀即可。

操作关键

1.要控制螺片焯水的时间，防止其变老。

2.老咸菜要用开水烫一下，除去部分咸味。

3.先将各种调料与三末拌和后再放螺片拌和，防止出水。

## 菜品特点

色彩艳丽，螺片脆爽，咸鲜微辣。

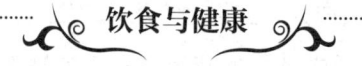

### 饮食与健康

老虎菜有利于健脾益气、开胃消食。海螺肉中含有氨基酸、钙、镁、硒等，有利于清热明目、利膈益胃、清肺醒酒、补钙强骨。但脾胃虚寒及体质虚寒者不宜食用。

制作人：朱振波

# 白菜拌爬虾干

## 菜品说明

　　民间有句俗语："鱼生火，肉生痰，白菜萝卜保平安。"这句话道出了大白菜的价值。大白菜，被称为"蔬菜之王"，质感脆爽、味道清甜、价格便宜，是日常生活中常见的蔬菜之一。它适合于所有味型，在烹饪中的用途十分广泛，无论是咸菜、凉菜、热菜还是面点，都有它的身影。白菜拌爬虾干是在拌白菜的基础上改进而来的，拌白菜搭配了爬虾干后，不仅食材更加丰富，而且菜品的档次得到提高。类似的菜肴还有菜心拌蜇皮、菠菜拌毛蛤、苦菊拌鸟贝、苦菊拌虾干等，都是海鲜酒店里常见的凉菜。

## 主要用料

　　黄心白菜 200 克、爬虾干 50 克、香菜 15 克、红辣椒 10 克、盐 10 克、白醋 35 克、蒜泥 30 克、味精 10 克、白糖 8 克、香油 15 克、辣椒油 15 克、葱油 10 克。

## 制作过程

1. 将黄心白菜用纯净水洗净，切成 0.5 厘米粗的丝；香菜择洗干净，切成 3 厘米长的段；红辣椒洗净，切成 0.2 厘米粗的丝。

2. 将爬虾干用清水浸泡 40 分钟，去除咸味，然后焯水，捞出晾凉。

3. 盆中加入各种调料，拌匀。

4. 先放入爬虾干和白菜心翻拌，再放入香菜段、红椒丝拌匀即可。

操作关键

1. 爬虾干要泡发，去除咸味。

2. 加调料拌制后要尽快食用，防止白菜出水。

## 菜品特点

色彩艳丽，咸鲜酸辣，清凉爽口。

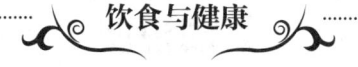

**饮食与健康**

白菜中含有丰富的维生素 C、膳食纤维、果胶等，有利于开胃健脾、通肠利胃、消食下气、止咳解酒。虾干中含有丰富的蛋白质、无机盐等，有利于安神养颜、益智健脑、提高免疫力。白菜心与爬虾干荤素搭配，营养互补，一般人群均可食用。

制作人：高新义

# 腌小河虾

## 菜品说明

腌是一种凉菜的烹调方法，分为生腌、熟腌、醉腌、糖腌、醋腌、盐腌等。腌小河虾采用了熟腌的方法。此菜不仅色彩艳丽，最大限度地保持了河虾的鲜嫩口感，而且食品安全也能得到更好的保证。河虾具有皮薄肉嫩、质地脆嫩、味道鲜美的特点，是人们喜欢的食材之一。用河虾制作的常见菜品有炸河虾、炒河虾、醉河虾、腌河虾等。

## 主要用料

小河虾 500 克、青柠檬 50 克、鲜花椒 50 克、麻辣鲜露 200 克、蚝油 50 克、米醋 80 克、白糖 150 克、辣椒油 10 克。

## 制作过程

1.将小河虾用清水冲洗干净，控净水分，放入开水中烫至断生，捞出晾凉。

2.将麻辣鲜露、蚝油、米醋、白糖、辣椒油等调料放入盆内调和均匀，兑成腌汁。

3.将烫好的小河虾放入腌汁中，加入鲜花椒、青柠檬，腌制4小时即可。

操作关键

1. 烫虾时要控制好火候。

2. 在食用时放入柠檬，味道更清爽。

## 菜品特点

咸鲜酸甜，麻辣鲜香，清爽适口。

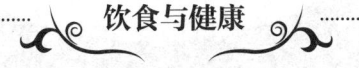

### 饮食与健康

河虾中富含蛋白质、脂肪、碳水化合物、钙、磷、铁、镁、碘、维生素A、维生素B及虾青素等营养元素，有利于补肾壮阳、通乳抗毒、抗衰老等。但过敏体质者慎食。

制作人：朱振波

# 腌汁小海鲜

## 菜品说明

腌汁小海鲜采用熟腌的方法制作而成，菜品集多种贝类海鲜于一体，不仅食材丰富，而且口感鲜嫩，是一道佐酒佳肴，也是海鲜酒店里常见的菜肴。此菜，对贝类海鲜的品质要求很高，首先，所用的各种食材必须鲜活；其次，要将食材分别焯水，确保火候准确、质感鲜嫩；再次，工具器皿要干净卫生，确保食品安全。

## 主要用料

钉螺 250 克、花蛤 250 克、香螺 200 克、蟹钳 200 克、东古一品鲜酱油 200 克、花椒油 20 克、蒜薹段 20 克、白糖 60 克、青红杭椒圈 10 克、味精 5 克、姜片 60 克、鲜花椒 15 克、蚝油 400 克、麻辣鲜露 120 克。

## 制作过程

1. 将钉螺、花蛤、香螺洗净，分别焯水，捞出晾凉备用；蟹钳控水备用。

2. 将东古一品鲜酱油、花椒油、白糖、味精、姜片、鲜花椒、蚝油、麻辣鲜露倒入盛器内，搅拌均匀。

3. 将钉螺、花蛤、香螺、蟹钳放入盆中，腌制40分钟，加入蒜薹段、青红杭椒圈拌匀，再腌制10分钟，捞出装盘，浇上少许汁液即可。

操作关键

1. 焯水时要注意火候，防止烫老。
2. 蒜薹段和青红杭椒圈要后放，防止出水。

## 菜品特点

质地鲜嫩，咸鲜麻辣，椒香味浓。

**饮食与健康**

贝类中富含蛋白蛋、维生素和微量元素，是高蛋白、低脂肪、高钙质的食物。一般人群均可食用，但脾胃虚寒者及痛风、肠胃炎患者禁食。

制作人：王冬冬

# 拌虾油老咸菜

## 菜品说明

　　虾油并非油脂，是以鲜虾为原料，经腌制、发酵后形成的一种滋味鲜美的液体，制作菜肴时常被当作鲜味剂。用虾油腌的老咸菜鲜美异常，受到许多人的追捧，销售价格也在不断上涨，成为一道奢侈的美味。咸菜在人们的饮食中扮演着重要角色，虾酱、咸菜作为黄河口地区最原始的腌制品，至今仍保持着旺盛的生命力，有些产品已经成为黄河口特产，销往省内外。

### 主要用料

　　虾油老咸菜 200 克、大葱丝 20 克、香菜段 20 克、青红椒丝各 20 克、米醋 10 克、老酱油 20 克、味精 5 克、白糖 3 克、香油 5 克、辣椒油 15 克、葱油 10 克。

## 制作过程

1.将老咸菜洗净，切成 0.2 厘米的细丝，用清水浸泡 10 分钟，淘洗一遍沥水备用。

2.将咸菜丝入开水烫 1 分钟，捞出，控水备用。

3.将各种调料放入盆中调和均匀。

4.将咸菜丝、葱丝、香菜段、青红椒丝放入调料汁盆中拌匀即可。

## 菜品特点

色泽艳丽，清爽适口，咸鲜味美。

操作关键

1. 老咸菜要保留本味，不要过度清洗。

2. 先将调料调和均匀后，再放入食材拌和均匀。

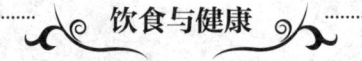

### 饮食与健康

虾油味道鲜美，有较高的营养价值。在用虾油腌制老咸菜的过程中形成的风味物质香气诱人，能增强食欲。咸菜中含有丰富的维生素、无机盐和膳食纤维。但高血压、高血脂患者及心血管病人尽量少食。

制作人：王建

# 将军菜

## 菜品说明

将军菜，原名黄瓜拌油条。原济南军区司令员张太恒是广饶人，当年他回乡探亲，最喜欢的家乡菜就是黄瓜拌油条。他说："这是我童年的记忆，也是我最爱吃且百吃不厌的一道家乡菜。"后来，这道菜被更名为"将军菜"，其意思是将军爱吃的菜。

### 主要用料

黄瓜 300 克、油条 100 克、麻汁 30 克、盐 2 克、蒜泥 30 克、酱油 25 克、葱油 10 克、香油 15 克、米醋 10 克、味精 3 克、白糖 5 克、香菜 5 克。

## 制作过程

1.将黄瓜洗净,去皮,用刀顺长边切开,再片成1.5厘米厚的抹刀片;香菜切寸段。

2.将油条斜刀切成1厘米大小的滚刀块,待油温烧至六成热,入锅炸制1分钟,捞出沥油备用。

3.将各种调料放入盆中搅拌均匀,再放入黄瓜、油条拌匀,撒上香菜段即可。

## 菜品特点

咸鲜酸辣,油条酥脆,黄瓜爽口,麻汁味浓。

操作关键

1.炸油条时油温不要太高,炸酥即可。

2.要将各种调料搅拌均匀。

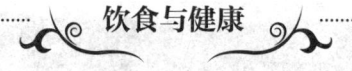

## 饮食与健康

黄瓜有利于清热解毒、美容养颜。麻汁中含有丰富的钙和不饱和脂肪酸,有利于补钙强骨、益气补血、软化血管、提高免疫力。蒜泥有利于杀菌消毒、刺激食欲。美中不足的是,油条中碳水化合物和油脂含量较多。因此,肥胖者和老年人不宜过多食用。

制作人:刘振路

# 蒜泥皇席菜

## 菜品说明

皇席菜是一种野菜，具有顽强的生命力，被称为盐碱地里的"绿色生灵"。黄河口人特别喜欢吃皇席菜，大都是亲自到野地里采摘，常用皇席菜来做凉拌菜、包包子、摊咸食。皇席菜色泽翠绿、鲜嫩多汁，特别适合用蒜泥拌食。蒜泥有白蒜泥和红蒜泥两种，加入白蒜泥时主要用盐和味精调味，而加入红蒜泥时则用酱油和醋调味。在此基础上，有的加入了香油，有的加入了芝麻酱，还有的加入了辣椒油等。蒜泥皇席菜虽然做法简单，但香辣刺激，十分可口。用同样的方法，还可以制作蒜泥荠菜、蒜泥苦菜、蒜泥面条菜等。

## 主要用料

皇席菜 400 克、蒜泥 30 克、盐 6 克、味精 2 克、白糖 2 克、香油 15 克、葱油 10 克。

## 制作过程

1.选取皇席菜的嫩芽，用清水洗净。

2.锅内加水烧开，放入皇席菜，焯水，捞出过凉，用清水浸泡1小时（中途换水），捞出挤干水分。

3.将蒜泥、盐、味精、白糖、香油、葱油放入盆中，调拌均匀备用。

4.将皇席菜抖散，放入调料盆中翻拌均匀即可。

## 菜品特点

色泽碧绿，蒜香浓郁，咸鲜香辣，清淡爽口。

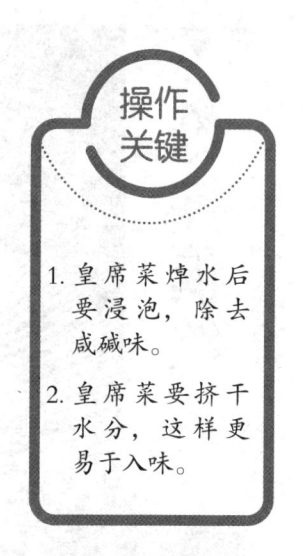

**操作关键**

1.皇席菜焯水后要浸泡，除去咸碱味。

2.皇席菜要挤干水分，这样更易于入味。

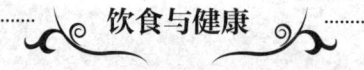

### 饮食与健康

皇席菜属于天然的碱性食材，富含多种氨基酸、膳食纤维、维生素和无机盐，电解质、多糖物质的含量极其丰富，有利于调节机体功能、修补机体组织、延缓疲劳、提高免疫力、调节肠道机能。蒜泥有利于杀菌消毒、开胃健脾。一般人群均可食用，尤其适合老年人食用。但皇席菜有利于一定寒性，脾虚胃寒者不可多食。

制作人：刘振路

# 炝拌藕丝

## 菜品说明

　　炝拌是一种制作凉菜的烹调方法，它的突出特点是菜肴椒香四溢。其关键在于炸出的花椒和辣椒油要火候准确、香气浓郁。用炝拌的方法制作的菜肴较多，如炝拌土豆丝、炝拌笔管鱼、炝拌螺头、炝拌藕丝、炝拌莴苣等。

### 主要用料

　　嫩藕 500 克、生抽 15 克、盐 5 克、米醋 20 克、白醋 20 克、姜丝 10 克、红椒丝 10 克、味精 3 克、香油 20 克、葱油 10 克、花椒 3 克、干辣椒 3 克。

## 制作过程

1.将嫩藕洗净，去皮，切成8厘米长的段，再顺长边切成0.2厘米粗的丝，放入清水中；加入白醋浸泡20分钟，洗去部分淀粉，放入开水中焯水，过凉，捞出控干水分，放入盆内。

2.将生抽、盐、米醋、味精放入盆内，搅拌均匀，放入藕丝、姜丝、红椒丝。

3.锅内加入葱油与香油，加热至七成热时下入花椒、干辣椒，待炸出香味后捞出，将油浇在藕丝上拌匀即可。

操作关键

1.焯水前要加入白醋，防止变色。

2.花椒和干辣椒要炸出香味。

## 菜品特点

色泽微红，咸鲜酸辣，清脆爽口。

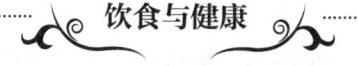

### 饮食与健康

藕的营养价值很高，富含蛋白质、维生素、淀粉，以及铁、锌等微量元素。炝拌藕丝中加入了姜丝和干辣椒，可以缓解藕的寒性，有利于健脾温胃、杀菌消毒。一般人群均可食用，但脾胃虚寒者应少食。

制作人：梁玉霞

# 姜汁藕片

## 菜品说明

　　姜汁藕片是一道传统凉菜，至今仍活跃在各大酒店的菜单上。此菜的关键在于选藕，要选用清脆无渣的白莲藕。藕切片后用清水、白醋浸泡，以防氧化变色。用藕制作菜肴时常常搭配具有驱寒作用的姜，藕与姜堪称"黄金搭档"。

**主要用料**

　　嫩藕 500 克、盐 5 克、米醋 40 克、姜 20 克、味精 2 克、香油 10 克、白醋 20 克。

## 制作过程

1. 将姜去皮，洗净，切成 0.1 厘米的末。

2. 将嫩藕去皮，洗净，顶刀切成 0.2 厘米厚的片；放入盆中，加入清水、白醋，浸泡 20 分钟，捞出。

3. 将藕片放入开水中焯水，捞出后用纯净水过凉，加入盐、味精、米醋、香油、姜末调和均匀，5 分钟后即可食用。

## 菜品特点

色泽洁白，味道咸鲜，脆爽适口。

**操作关键**

1. 要选用色白、脆嫩的莲藕。

2. 先将藕片整齐地摆在盘内，再放入调料。

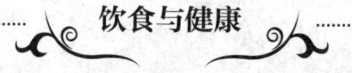

**饮食与健康**

藕性寒、味甘，归心经、肝经、脾经及胃经，有利于清热生津、凉血散瘀、止血。姜汁藕片中加入了大量的姜末，可以缓解藕的寒性，一般人群均可食用，但脾胃虚寒者应少食。

制作人：曹义伟

# 茴香拌黄豆

## 菜品说明

　　茴香拌黄豆是将煮熟的黄豆与鲜茴香苗调拌在一起制作的风味菜。在黄豆表面粘裹上碧绿的茴香末，使菜品显得格外青翠，并散发着特有的芳香。因其制作简便快捷，且利于批量生产，因此，在酒店中常常见到它的身影。

## 主要用料

　　黄豆 300 克、茴香苗 150 克、盐 7 克、味精 5 克、香油 10 克、葱油 5 克、大葱 10 克、姜 10 克、八角 2 粒。

## 制作过程

1.将黄豆浸泡4小时,放入凉水锅中,加入葱、姜、八角、盐,大火煮开,转小火煮20分钟,待黄豆软烂时捞出,放入盆中晾凉。

2.选取茴香苗的嫩芽,用纯净水清洗干净,切成细末备用。

3.在煮熟的黄豆中加入味精、盐、葱油、香油,调拌均匀,再放入切好的茴香苗调和均匀即可。

操作关键

1.黄豆一定要先泡透。

2.煮黄豆时要用小火慢煮,既要煮烂,又要保持黄豆完整。

## 菜品特点

色泽碧绿,咸鲜适口,清新爽口,茴香味浓。

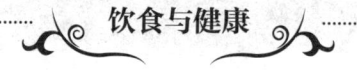

### 饮食与健康

黄豆中富含氨基酸、脂肪酸及多种微量元素,有利于强身健体、修补机体功能、益智健脑、美容养颜、延缓衰老。茴香苗有利于提高食欲、通肠润便、促进消化,还有一定的抗菌作用。黄豆中含油脂较多,食用后有极强的饱腹感,一次食用不宜过多。

制作人:李路路

# 脆爽萝卜干

## 菜品说明

　　脆爽萝卜干是一道用青萝卜腌制的风味小菜，是佐酒和下饭的菜品。过去，萝卜是黄河口人冬季主要食用的蔬菜。萝卜除了能用来制作热菜以外，还能制作成各式的咸菜，其中用萝卜干腌制的咸菜最受欢迎。它筋道中透着脆感，因吸收的汁液饱满，所以滋味更浓、风味更突出。腌制的方法主要有湿腌、干腌及混合腌等，常见的味型有咸鲜、咸辣、五香、甜酸、甜咸、麻辣等。

## 主要用料

　　青萝卜1千克、盐100克、蚝油40克、白糖20克、味精8克、味极鲜酱油80克、干辣椒5克、花椒3克、香油10克、葱油20克。

## 制作过程

1. 将青萝卜洗净，切成 0.5 厘米粗的条，加入盐腌制 4 小时，沥水，置于通风处凉置 24 小时，使青萝卜脱水至半干状态。

2. 将萝卜干放入盆中，加入酱油、蚝油、白糖、味精等调料，拌和均匀，腌制 4 小时。

3. 锅内加入葱油、香油，烧至六成热，下入花椒、干辣椒，炸出香味，滤掉花椒与干辣椒，将油浇在萝卜干上拌匀即可。

**操作关键**

1. 萝卜要腌至半干状态。

2. 花椒、干辣椒不要炸煳。

## 菜品特点

色泽红润，质地脆爽，咸鲜微甜辣。

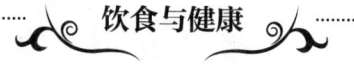

### 饮食与健康

萝卜中含有丰富的膳食纤维和芥子油，有利于促进消化液的分泌、清肺润喉。但腌制过程中会产生亚硝酸盐，因此不宜食用过多，尤其是"三高"人群不建议食用。

制作人：赵海兵

# 腌黄瓜辣椒

## 菜品说明

腌黄瓜辣椒是一道经久不衰的咸菜，其以清脆的口感、油亮的色泽及鲜美的味道征服了食客的味蕾。腌制这道咸菜的调料十分丰富，主要有咸鲜味调料和增香的香辛料。此外，还加入了具有防腐作用的高度白酒，不仅能延长保存时间，而且能形成独特的风味。

## 主要用料

黄瓜 5 千克、青尖椒 2 千克、酱油 2 千克、蒜片 250 克、姜片 200 克、味精 150 克、葱油 500 克、香油 100 克、八角 10 克、花椒 6 克、白糖 80 克、干辣椒 50 克、高度白酒 300 克、盐 100 克。

## 制作过程

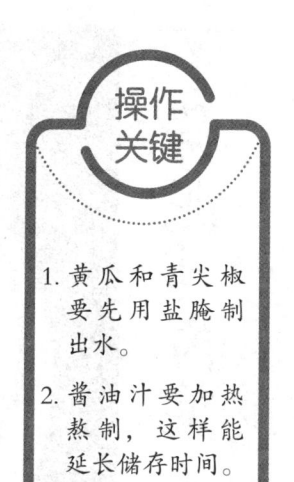

1. 将黄瓜洗净，去瓤，切成 6 厘米长的条；青尖椒去蒂、去籽，切成 6 厘米长的条。将黄瓜条和青尖椒条用盐腌制 2 小时，沥干水分。

2. 将酱油、味精、白糖倒入锅内，小火加热 2 分钟，晾凉备用。

3. 将黄瓜条、青尖椒条、姜片、蒜片放入盆中，加入白酒和晾凉的酱油汁，拌匀；将葱油、香油加热至七成热，下入八角、花椒、干辣椒爆香，浇在黄瓜条和青尖椒条上，加盖密封，腌制 12 小时即可。

**操作关键**

1. 黄瓜和青尖椒要先用盐腌制出水。
2. 酱油汁要加热熬制，这样能延长储存时间。

## 菜品特点

咸鲜香辣，清脆爽口。

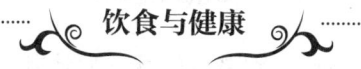

### 饮食与健康

黄瓜味甘、性凉，有利于清热解毒、利水消肿。辣椒性热、味辛，有利于温中散寒、杀菌、防腐等；辣椒中含有丰富的维生素 C，有利于提高机体免疫力。但腌制品会产生亚硝酸盐，不宜经常食用。

制作人：韩志康

# 蒜泥马齿菜

## 菜品说明

　　马齿菜，学名马齿苋，别名五行草、蚂蚱菜、长命菜、五方草、瓜子菜、麻绳菜等，是一年生草本植物，有野生和种植之分。在烹饪中，马齿菜多用来凉拌或热炒。以马齿菜作为食材的最为常见的菜品是蒜泥拌马齿菜，其可分为生拌和熟拌两种。在一些酒店里还销售马齿菜炒肉丝、马齿菜大包等产品。

## 主要用料

　　马齿菜 400 克、色拉油 5 克、白醋 15 克、盐 15 克、蒜泥 30 克、味精 10 克、白糖 5 克、香油 15 克、辣椒油 15 克、葱油 10 克。

## 制作过程

1.将马齿菜择洗干净。

2.锅中加水烧开，加入盐和色拉油，下入马齿菜，焯水，捞出过凉，挤干水分备用。

3.将蒜泥和其他调料放入盆中调和均匀。

4.放入马齿菜拌匀装盘即可。

## 菜品特点

色泽碧绿，蒜香味鲜，清淡爽口。

操作关键

1.要注意焯水的火候，既要烫熟，又要保持色泽。

2.马齿菜焯水后要用清水多浸泡一会儿，除去异味。

### 饮食与健康

马齿菜性寒、味酸，有利于清热解毒、散血消肿。蒜泥马齿菜有利于开胃健脾，一般人群均可食用。但脾胃虚寒及身体虚弱者应谨慎食用。

制作人：刘新华

# 蒜泥拌鸡蛋

## 菜品说明

　　蒜泥拌鸡蛋源于民间，是一道典型的农家菜，常与单饼一起食用。它制作简单、经济实惠、风味突出，备受人们喜爱。煮熟的鸡蛋不能用刀切，要用手掰成不规则的大块，尤其是蛋黄，更是不能掰得太碎，以免影响口感和视觉效果。在蒜泥拌鸡蛋里撒上些芝麻盐，再配上小葱段、生菜叶，用小饼卷起来食用，不仅营养更加丰富，而且满口留香、回味悠长。

## 主要用料

　　鸡蛋10个、盐5克、蒜泥30克、芝麻盐10克、味精2克、香油15克。

## 制作过程

1.将鸡蛋洗净，蒸熟，晾凉，剥去蛋壳，掰成块，装入碗内备用。

2.将蒜泥、盐、味精、香油调和均匀备用。

3.将调好的蒜泥汁倒在鸡蛋上，撒上芝麻盐拌匀即可。

## 菜品特点

色泽清新，蒜香浓郁，香气宜人。

操作关键

1.要控制好蒸鸡蛋的火候，鸡蛋不宜太老。

2.鸡蛋要与蒜泥拌和均匀。

### 饮食与健康

鸡蛋中含有优质蛋白、卵磷脂、微量元素和维生素。鸡蛋的营养价值非常高，有利于提高免疫力、健脑益智、强身健体、修补机体组织、养颜美容等。鸡蛋还有利于健脾开胃、滋阴润燥、促进儿童生长发育。大蒜属于辛辣刺激的食物，有利于发汗解表、杀菌消炎。一般人群均可食用。

制作人：李浩

芝麻盐拌菜心

## 菜品说明

　　芝麻盐是典型的农家自制调料，其散发着诱人的香气，常用于卷饼菜和凉拌菜。芝麻盐拌菜心是由酒店厨师在农家风味的基础上改良而来，制作精细，诠释了用普通食材呈现高档效果的设计理念。油菜、芹菜、莜麦菜、茼蒿、黄瓜等草酸含量低的蔬菜均可用芝麻盐来生拌。

### 主要用料

　　油菜 300 克、芝麻 35 克、盐 5 克、味精 5 克、葱油 10 克。

**制作过程**

1.将油菜去掉外层叶子，只留下 3 个小叶的嫩心，用纯净水洗净，控水备用。

2.锅内放入芝麻，小火炒熟，放凉，加盐拌和均匀，用石臼磨碎或用擀面杖压碎，调和均匀后备用。

3.将油菜心放入盆中，加入葱油、味精拌匀，再撒上芝麻盐翻拌几下，装盘即可。

操作关键

1. 油菜要去除老叶，选用嫩心。
2. 芝麻盐不要研磨得太细。

**菜品特点**

碧绿清香，脆爽清口。

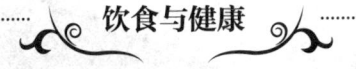

**饮食与健康**

油菜中富含维生素 C、钙及膳食纤维。芝麻中含有丰富的油脂、不饱和脂肪酸、钙等，有利于润肠通便、美容养颜。尤其是黑芝麻，还有利于乌发、固齿等。特别适合儿童和老年人食用。

制作人：吕保国

# 西瓜酱

## 菜品说明

西瓜酱和西瓜皮酱都是在制作豆酱工艺的基础上演变而来。其利用西瓜中的糖分和水进行发酵，具有色泽红润、味道鲜美、咸中回甘等特点。早些年，许多家庭都有做西瓜酱的习惯。它是当年的下饭菜肴，也是许多人的童年记忆。如今，家庭中做西瓜酱的少之又少，只有在一部分酒店里还能品尝到它的味道。目前，市场上还有一种现做现吃的西瓜酱，黄豆不经过发酵，由黄豆、西瓜、豆瓣酱等食材一起炒制而成，制作速度快，但风味与原始的西瓜酱有较大差异。

## 主要用料

西瓜皮6千克、黄豆1.5千克、蒜末400克、大葱400克、姜400克、面酱100克、花生油500克、八角10克、花椒10克、白糖20克、面粉500克、豆豉400克。

## 制作过程

1.将黄豆用清水浸泡 6 小时，捞出。

2.将黄豆放入锅中，煮 30 分钟，捞出，拌入面粉，放置于通风处进行发酵（约 3—5 天），待长出菌毛后，放在太阳下晒干，备用。

3.将西瓜皮捣碎，加入发酵后的黄豆，搅拌均匀，放入罐中密封，置于阴凉处自然发酵 5—7 天。

4.锅中放油、葱、姜、香料等炒香，放入发酵好的酱，小火慢炒至水分充分蒸发、散发出浓郁的酱香味，配上小饼、葱食用即可。

操作关键

1. 黄豆自然发酵的时间在 5 天左右。
2. 发酵好的黄豆与西瓜搅拌后密封保存，放置于通风阴凉处。

## 菜品特点

色泽酱红，质地软嫩，酱香浓郁。

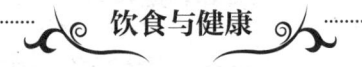

饮食与健康

西瓜酱香气浓郁、滋味醇厚、营养丰富，食用价值较高。西瓜有利于清热解暑、除湿利尿；豆豉有利于健脾和胃、促进消化；黄豆中含有大豆异黄酮和不饱和脂肪酸，有助于延缓衰老，缓解妇女更年期症状。

制作人：张乃朋

拌三末

## 菜品说明

　　拌三末是一道地道的农家小菜。农忙时节，农民们顾不上炒菜做饭，就随手从自家的菜地里摘几个辣椒，拔几棵大葱和香菜，择洗干净，一起剁碎，放入食盐和香油拌匀，用大饼卷着吃或就着窝头吃。三种味道浓重的食材直接混合在一起食用，不仅操作简单快捷，而且味道辛辣刺激，十分开胃。这种带着土地芳香的新鲜食材，只有在农家的菜地里才能寻到，也只有在农村长大的人才能体会到它的美妙。拌三末有多种制作方法，有的已经演变成拌制凉菜的调料，在一些高档菜肴里使用，如三末拌海参、三末拌鲜鲍、三末拌螺头、三末拌蛤肉等。

### 主要用料

　　大葱 200 克、香菜 200 克、青尖辣椒 200 克、盐 3 克、味精 2 克、香油 20 克。

## 制作过程

1.将大葱、香菜、青尖辣椒分别切成末，放入盆内。

2.加入盐、味精、香油等调料，翻拌均匀即可。

## 菜品特点

辛辣咸鲜，清凉爽口。

操作关键

1. 食材加调料后要快速拌匀，及时食用，以防出水，影响口感和味道。

2. 食材要新鲜。

### 饮食与健康

辣椒中含有辣椒素，可促进消化、健脾益胃。香菜性辛、味温，有利于发汗解表、健脾消食、安神醒脑、增进食欲、缓解便秘。大葱中含有蛋白质、糖类、维生素 A 等营养元素，有利于刺激食欲、养颜美容、健脑益智。但肠胃不适和肠炎患者禁止食用。

制作人：顾兰章

# 四大金"缸"

四大金"缸"，是在第一届黄河口风情菜大赛中推出的一组风味小菜。其将老百姓日常生活中经常食用的风味菜浓缩在四个精致的小缸中，并配以烧饼、煎饼、单饼及咸粥等一起食用，尽显黄河口农家人的饮食风貌，令人倍感亲切。四大金"缸"只是菜品的一种表现形式，食材可根据季节和当地人的口味进行灵活调整。

四大金"缸"以青尖椒、茄子为蔬菜类原料，其中富含维生素C；虾酱、鸡蛋、豆腐则富含蛋白质、维生素、无机盐等营养成分。搭配面食一起食用，不仅营养更加丰富，食用价值也会大大提高。

# 一、烧椒酱

## 主要用料

青尖椒 1 千克、大葱 500 克、面酱 60 克、盐 12 克、味精 6 克、香油 20 克、白糖 10 克、生抽 80 克、葱油 120 克。

操作关键

1. 烧辣椒、大葱时要注意火候。

2. 批量生产时可用绞肉机绞制。

## 制作过程

1. 将大葱、青尖椒洗净，晾干表面的水分，用炭火烧烤至表面呈焦虎皮色，放入石臼内捣烂成泥状。

2. 加入面酱、盐、味精、香油、白糖、生抽、葱油等调料，搅拌均匀即可。

## 菜品特点

咸鲜香辣，酱香浓郁。

# 二、茄子酱

## 主要用料

长茄子2千克、青尖椒500克、大葱酱50克、肉酱100克、蒜泥80克、香菜末100克、盐15克、味精6克、生抽120克、葱油30克、红油50克、花生油实耗80克。

操作
关键

1. 要将茄子、辣椒炸熟，炸出香味。

2. 批量生产时可用绞肉机绞制。

## 制作过程

1. 将长茄子洗净，用手撕成长条；青尖椒洗净，晾干表面的水分。

2. 锅内倒入花生油，烧至八成热时下入茄子、尖椒，炸熟后捞出，沥干油。

3. 把炸过的辣椒、茄子放入石臼中捣烂，再加入香菜末、大葱酱、肉酱、蒜泥、盐、味精、生抽、葱油、红油等，搅拌均匀即可。

## 菜品特点

咸鲜香辣，香气浓郁，质地软烂。

# 三、蒸虾酱

## 主要用料

蛩子虾酱 500 克、豆腐 800 克、泡粉条 300 克、葱花 500 克、干辣椒 20 克、鸡蛋液 800 克、葱油 250 克、红油 150 克、小葱末 60 克。

## 制作过程

1.将豆腐切成 1 厘米大小的丁，粉条切成 2 厘米长的段，干辣椒切成丁，备用。

2.将蛩子虾酱、鸡蛋液倒入盆内，搅拌均匀，再下入豆腐、粉条、葱花、干辣椒、葱油拌匀，装入小缸内，放入蒸箱中，蒸制 20 分钟，取出，在虾酱的表面淋上红油，撒上小葱末即可。

## 菜品特点

质地软嫩，咸鲜微辣，香气浓郁。

操作关键

1. 要根据虾酱的咸度来调整其他配料的用量。

2. 批量生产时可先将虾酱蒸熟，再装入小缸中。

# 四、酱花生

## 主要用料

去皮花生米 1 千克、咸菜丁 500 克、蚝油 500 克、糖 100 克、老抽 200 克、味精 20 克、生抽 350 克、八角 10 克、桂皮 10 克、大葱 30 克、姜 30 克。

## 制作过程

1. 将花生米用清水浸泡 6 小时，放入开水中煮制 5 分钟，捞出备用；咸菜丁焯水备用。

2. 锅内加入蚝油、糖、老抽、味精、生抽、八角、桂皮、大葱、姜，用小火熬煮 5 分钟，制成腌汁，晾凉备用。

3. 将花生米、咸菜丁放入盆内，倒入调好的腌汁，腌制 48 小时即可。

## 菜品特点

口感清脆，咸鲜微甜，色泽酱红。

操作关键

1. 要注意煮花生的火候，既要成熟，又要保持脆感。

2. 花生要腌透，呈浅酱红色。

制作人：张新民

# 第二章

# 热菜

本篇在编写和拍摄过程中得到以下单位和人员的大力支持：

| 单 位 | 人 员 |
| --- | --- |
| 喜文化餐饮公司 | 孔伟 |
| 华东国际大酒店 | 张乃朋、张士诚 |
| 聚丰大酒店 | 胡乐乐 |
| 垦利区黄河口小海鲜酒店 | 孙德平 |
| 东营宾馆 | 陈杰、郭清明、崔振友、崔志磊、潘贵森、刘新华、陈强、杜涛 |
| 东营市技师学院培训楼 | 刘建新 |
| 垦利区龙凤祥酒店 | 李树义 |
| 利津县党校宾馆 | 于海洋、毕延华、李金平 |
| 黄河口地方菜研究所 | 盖如河、顾兰章 |
| 富老乡亲黄河路店 | 王志明 |
| 黄河口三角碱地学术交流中心 | 房雪鹏 |
| 东营颜派王家味饭店 | 王建、代俊柏 |
| 利津县厨艺楼 | 王全民 |
| 东营市商业大厦 | 鞠中华 |
| 利津县印象凤凰城酒店 | 张同彬 |
| 福大老村长疙瘩汤 | 古小康 |
| 东营区白云饭店 | 刘小民 |
| 金岭国际大饭店 | 苏强 |
| 东营市技师学院现代服务系 | 耿安康、吕保国 |
| 垦利区隆丰饺子城 | 王子杨 |
| 尊客福大餐饮有限公司 | 艾全超 |
| 百盛园酒店 | 葛中运 |
| 开口笑饺子城 | 孟庆元 |
| 东营食为天餐饮管理服务有限公司 | 赵强 |
| 尚善雅轩酒店 | 孙建成 |
| 胜利油田机关管理服务中心 | 顾吉平、沈锦文、沈金文、顾吉平 |
| 尊客福大餐饮有限公司 | 单浩杰、杜小青、牛金光、代景国 |
| 河口区黄河口人和宾馆 | 刘增光 |
| 荆家大院 | 荆殿君 |

| 单 位 | 人 员 |
|---|---|
| 广饶县振广大锅全羊 | 孙保国 |
| 富老乡亲餐饮公司 | 舒冠清 |
| 东营市技师学院职工餐厅 | 葛义华、鞠增田 |
| 黄河国际会展中心 | 刘海峰、耿冠军、殷雪营 |
| 河畔假日大酒店 | 张维杰 |
| 龙凤祥大酒店 | 潘常昌、段滨林、于福华 |
| 鸿丰饺子城 | 刘帅 |
| 新发餐饮公司 | 赵全军、王涛 |
| 河口区河丰园鱼馆 | 冯建军、张军 |
| 胜利宾馆 | 王金刚 |
| 小银龙餐饮公司 | 朱振波 |
| 潍城餐饮公司 | 李帅帅 |
| 广饶有容餐饮有限公司 | 丁志国 |
| 东营德宇餐饮管理公司 | 焦圣先 |
| 东营区孙记果木烤鸽 | 孙曙光 |
| 东胜大厦 | 杨瑞刚 |
| 笑江湖酒馆 | 李富贵 |
| 胜利油田石化总厂 | 吴振兴 |
| 河口区祥和宴饺子城 | 孙明海 |
| 孤岛大盘鸡酒店 | 孙廷梅 |
| 广饶县振生饭店 | 王振生 |
| 吕府大锅炖 | 吕海波 |
| 大明大厦 | 高春波 |
| 东营区牛庄镇大中驴肉馆 | 隋曙光 |
| 东营区顺昌食品公司 | 朱小涛 |
| 同润大酒店 | 张希杰 |
| 汇名轩商贸有限公司 | 李延民 |
| 广饶县一号院菜馆 | 孙亮 |

# 鲜美的黄河口大闸蟹

　　黄河口大闸蟹，学名中华绒螯蟹，获得中国农产品地理标志认证，入选"山东省十大渔业品牌"，蝉联"中国十大名蟹"，是东营人馈赠亲朋好友的首选礼品。

　　黄河口大闸蟹外形带有明显的地域特征，背甲呈淡青色或褐黄色，腹部呈银白色，基本无水锈斑。公蟹螯足强壮，长有浓密的棕褐色绒毛，步足毛呈金黄色。黄河口大闸蟹的生长期为 15—18 个月，一般公蟹要达到 150 克、母蟹要达到 125 克以上方可捕捞，中秋节前后为主要上市期。

　　大闸蟹性寒凉、味甘咸，有利于清热解毒、活血化瘀、消肿止痛。从营养学的角度来看，大闸蟹中含有丰富的蛋白质、钙、铁、维生素等营养物质，能促进新陈代谢，刺激肠道蠕动。

　　在黄河口地区，最原始的食用大闸蟹的方法是清蒸。清蒸最能体现螃蟹本身的鲜甜滋味，佐姜醋汁食用，不仅风味别致，还有助于驱寒杀菌。呛蟹子也是一道传统美食，必须选用活蟹，先用高度白酒将螃蟹呛死，再用盐卤或酱油、香料汁腌制，待螃蟹入味后，直接改刀生食。因高度白酒和食盐都具有很强的杀菌防腐作用，故呛蟹子可以储存较长时间。近年来，大闸蟹的吃法更加丰富，肴蟹、香辣蟹、麻辣蟹、蒜蓉蟹、炒蟹子、醉蟹、盐焗蟹、南瓜炖毛蟹均是具有代表性的菜品。

## 烀蟹子

## 菜品说明

　　烀的过程囊括了煮、蒸、烙等多种热传导方式。食材放置在不同的位置，会呈现出不同的质感特点。用烀的方法制作的大闸蟹，表面粘裹着凝固的蛋白质，锅底有渗出的嫩膏与黄油，蟹肉极其嫩滑，烀出的汤汁更是鲜美异常。

### 主要用料

　　黄河口大闸蟹 20 只（约 3 千克）、大葱段 20 克、姜片 10 克、盐 5 克、料酒 15 克。

## 制作过程

1. 在尖底锅内加入水，烧开，放入大葱段、姜片、料酒。

2. 在锅内扣上一只碗，将大闸蟹蟹壳朝下依次摆放在碗的周围。

3. 盖紧锅盖，加热 12 分钟即可。

## 菜品特点

色香美观，味道鲜甜，鲜嫩多汁。

操作关键

1. 烀蟹子时，蟹壳要朝下。

2. 要控制好烀的时间和火候，防止煳锅。

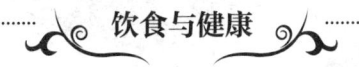

### 饮食与健康

大闸蟹营养价值较高，有利于活血养筋、通经络。但是，体质虚寒及肠胃不适者要少食。

制作人：孔伟

毛蟹焗鱼嘴

## 菜品说明

　　毛蟹焗鱼嘴是第二届黄河口风情菜大赛的获奖菜品。其以黄河口大闸蟹和鲢鱼嘴为主料，经腌制后放入砂锅或铸铁锅内，利用锅底的热能和葱头、蒜子、姜片散发的蒸汽将原料熏蒸而熟。此菜选料精致、设计新颖，滋味醇厚、呈现形式大气，是一道带有浓郁地方特色的高档菜肴。

### 主要用料

　　鲢鱼嘴 800 克、黄河口大闸蟹 10 只、干葱头 300 克、蒜子 300 克、姜片 200 克、大葱段 200 克、生粉 30 克、小葱末 20 克、沙姜粉 3 克、蚝油 50 克、生抽 15 克、老抽 20 克、鸡精 10 克、白糖 10 克、陈皮粉 2 克、胡椒粉 2 克、料酒 5 克、玫瑰露酒 10 克、葱油 25 克、花生油 120 克。

**制作过程**

1. 将蚝油、生抽、老抽、白糖、鸡精、沙姜粉、陈皮粉、胡椒粉、料酒放入盆内，调和均匀，制成腌汁。

2. 将玫瑰露酒、生抽、老抽、葱油放入盆内，调和均匀，制成浇淋汁。

3. 将大闸蟹洗净，剪掉蟹脐，鱼嘴洗净，放入盆内，加入生粉和调好的腌汁，腌制10分钟。

4. 在铁锅内加入花生油，烧热，加入干葱头、蒜子、姜片、大葱段，用小火煸炒至呈金黄色，将腌好的鱼嘴和大闸蟹整齐地摆放在锅内，加入浇淋汁（分3次），盖上锅盖，用中火焖12分钟，待原料成熟且散发出轻微的煳味时撒上小葱末即可。

操作关键

1. 要选用活母蟹。

2. 鱼嘴和大闸蟹要腌制入味。

3. 要控制好火候，使锅底处的葱、姜、蒜达到微煳的状态。

**菜品特点**

色泽红亮，香气浓郁，鱼嘴滑嫩。

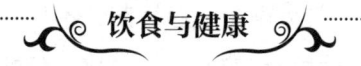 饮食与健康

大闸蟹中胆固醇含量较高，不要一次食用过多。死亡的大闸蟹会滋生大量细菌，不可食用。

制作人：张乃朋

# 芦花鸡炒蟹

## 菜品说明

　　芦花鸡炒蟹是在炒鸡的基础上演变而来的。芦花鸡本身具有味道鲜美、肉质紧实的特点，与大闸蟹一起炒制，不仅能掩盖螃蟹的腥味，还能使它们的鲜味相互补充、相互融合，形成新的味觉感受。芦花鸡炒蟹不仅做法新颖，而且营养价值更加丰富。

## 主要用料

　　黄河口大闸蟹 1 千克、芦花鸡 1 只（约 1 千克）、大葱段 50 克、姜片 20 克、青红椒片 30 克、蒜 30 克、老抽 8 克、生抽 10 克、干辣椒 20 克、花椒 5 克、八角 2 克、辣椒酱 10 克、盐 3 克、味精 2 克、辣椒油 30 克、色拉油 100 克、料酒 20 克、面粉 50 克、高汤 1 千克。

## 制作过程

1.将大闸蟹对半切开，在刀口处拍上面粉，放入八成热的油中炸至断生。

2.将芦花鸡剁成3厘米大小的块。

3.锅中加入色拉油，烧热，放入花椒、干辣椒、八角、大葱段、姜片、蒜炸出香味，再下入鸡块煸炒至出油，加入料酒、辣椒酱、高汤、生抽、老抽、盐、味精等，大火烧开，转中火烧至鸡块成熟，再放入炸过的大闸蟹烧制5分钟，大火收汁，待汤汁黏稠时放入青红椒片，翻拌均匀，淋上辣椒油出锅即可。

操作关键

1.要选用150克左右的母蟹。

2.大闸蟹烧制的时间不要过长。

## 菜品特点

色泽红润，味道咸鲜香辣，质地软嫩。

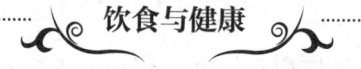

### 饮食与健康

鸡肉中富含优质蛋白，可以强身健体，提高机体免疫力，有利于益智健脑、健脾和胃、促进骨骼生长。一般人群均可食用，但不要一次食用过多。

制作人：胡乐乐

# 香辣大闸蟹

## 菜品说明

　　黄河口地区盛产大闸蟹，因此，香辣大闸蟹几乎是各酒店的标配。尤其是烧烤店，更是将香辣大闸蟹、麻辣小龙虾定为本店的招牌菜。香辣大闸蟹麻辣鲜香，刺激着人们的味蕾，是撸串、喝啤酒的最佳搭档。

## 主要用料

　　黄河口大闸蟹 1 千克、黄豆芽 250 克、红 99 火锅底料 100 克、盐 6 克、鸡精 6 克、味精 5 克、生抽 20 克、蚝油 10 克、胡椒粉 2 克、麻椒 50 克、干辣椒 50 克、熟芝麻 10 克、小葱末 10 克、香菜末 10 克、大葱段 20 克、姜片 10 克、辣椒油 50 克、花生油实耗 120 克、面粉 60 克。

## 制作过程

1.将大闸蟹刷洗干净，从中间切开，在刀口处拍上面粉，放入七成热的油中炸至断生，捞出备用。

2.将黄豆芽放入锅中，加入盐、鸡精，煮至成熟，备用。

3.锅中加入花生油、辣椒油，烧至五成热时放入大葱段、姜片、麻椒、干辣椒、红99火锅底料，慢火炒香，加入水、盐、味精、鸡精等烧开。

4.放入豆芽，与大闸蟹一起煨煮5分钟，倒入盆内，撒上小葱末、香菜末、熟芝麻即可。

**操作关键**

1.黄豆芽要煮熟、入味。

2.干辣椒、麻椒要先炒出香味后再使用。

## 菜品特点

色泽红亮，口味鲜香，麻辣刺激。

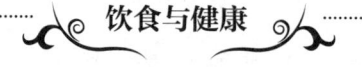

**饮食与健康**

制作香辣大闸蟹时使用了较多的辛辣调料，不仅能增加食欲，而且有利于驱寒除湿。但大闸蟹性寒，体质虚寒及肠胃不适者要少食。

制作人：孙德平

# 家常炒大闸蟹

## 菜品说明

家常炒大闸蟹虽然没有华丽的外表，却制作简便，味道酱香浓郁、麻辣刺激，是下饭、佐酒的佳肴。将清淡无味的大白菜与鲜美香浓的大闸蟹搭配在一起，不仅荤素搭配，而且大白菜鲜香味美，体现了家常菜简单实用、朴实无华的菜品风格。

### 主要用料

黄河口大闸蟹 500 克、白菜 250 克、大葱 20 克、姜 20 克、盐 5 克、酱油 15 克、麻椒 5 克、花椒 5 克、干辣椒 5 克、八角 1 个、料酒 20 克、猪油 30 克、花生油 50 克、胡椒粉 1 克。

## 制作过程

1. 将大闸蟹对半切开，葱、姜分别切成段、片，白菜洗净撕成片备用。

2. 将猪油加热至七成热，放入白菜煸炒至断生倒出。

3. 锅内加入花生油，烧热，加入八角、麻椒、花椒、干辣椒、葱段、姜片等爆香，加入大闸蟹炒至其变红，再放入料酒、酱油及其他调料，放入煸炒好的白菜翻炒均匀，收汁即可。

操作关键

1. 要选用肥的大闸蟹。
2. 出锅时要留有少许汤汁。

## 菜品特点

色泽红润，麻辣鲜香。

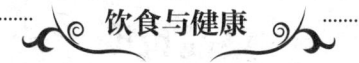

饮食与健康

在大闸蟹中加入辣椒、花椒等香辛料，能有效地降低大闸蟹的寒性，提高食用安全性。但肠胃炎患者及脾胃虚寒、过敏体质者不宜食用。

制作人：陈杰

# 南瓜炖毛蟹

## 菜品说明

　　毛蟹又被称为大闸蟹，黄河口大闸蟹具有腥味小、肉质细嫩、味道鲜甜的特点。大闸蟹的吃法多种多样，以蒸、炒、炖、腌、呛最为常见。南瓜炖毛蟹是将大闸蟹与南瓜一起炖制，不仅汤浓味鲜，而且大闸蟹的口感更加细腻，是一道经典的农家菜。

### 主要用料

　　黄河口大闸蟹 1 千克、南瓜 300 克、盐 6 克、大葱段 15 克、姜片 10 克、味精 2 克、生抽 10 克、香菜末 10 克、面粉 30 克、花生油实耗 50 克、胡椒粉 1 克、香油 5 克。

## 制作过程

1.将大闸蟹对半切开，在刀口处拍上面粉，用七成热的油炸一下。

2.将南瓜去皮，切成 3 厘米大小的方块。

3.将炸过的大闸蟹放入锅中，加入水、南瓜块、大葱段、姜片、盐、味精、生抽等，大火烧开，转中火炖至南瓜成熟，倒入盛器内。

4.撒上香菜末，淋上香油即可。

操作关键

1.要选用 150 克左右的母蟹。

2.炖制的时间不要过长，以南瓜熟烂为度。

## 菜品特点

色泽美观，味道鲜甜，质地滑嫩。

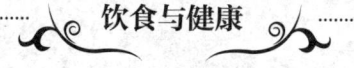

**饮食与健康**

南瓜与大闸蟹搭配食用，不仅营养互补，还能降低大闸蟹的寒性，有利于较高的食用价值。

制作人：刘建新

# 稀有的黄河刀鱼

　　黄河刀鱼是生长在黄河下游的珍稀鱼类，身薄色亮，腹部呈银白色，脊背呈鲜黄色，细鳞小肚，吻短圆突，因形似利刀而得名。

　　黄河刀鱼系洄游鱼类。每年农历三月中旬，成群结队的黄河刀鱼从黄河入海口处游进黄河，然后逆流而上，最终游到东平湖产卵、孵化。成年的黄河刀鱼，体长可达三四十厘米，重约二百克。由于黄河刀鱼在洄游的途中体力消耗很大，所以越往上游，鱼会越瘦，骨刺也越硬。因此，在黄河下游这段水域里的刀鱼品质最佳。这也是东营出产的黄河刀鱼声名远扬的重要原因。

　　20世纪70至90年代，因黄河断流和上游污染等原因，黄河刀鱼濒临绝迹。如今，黄河水长流不息，下游生态系统不断改善，濒临绝迹的黄河刀鱼也开始出现，很是令人欣喜。相信随着黄河流域生态保护和高质量发展工作的开展，"银光闪烁鱼满篓""一家煎鱼，三家闻香"的场景一定会在黄河口地区重新显现。

　　黄河刀鱼中富含氨基酸、维生素、不饱和脂肪酸与微量元素，特别是钙、铁的含量极高，是补钙、补铁的优质食材，有利于壮阳补肾、美容养颜。

　　黄河刀鱼鳞片柔软、油脂丰富，故无须去鳞。干煎、炸、清蒸等都是常用的烹调方法。尤其是香煎黄河刀鱼，色泽金黄、鱼尾焦脆、脂气四溢，撒上椒盐食用，令人回味无穷。

# 香煎黄河刀鱼

## 菜品说明

　　黄河刀鱼是黄河口的地标性食材，近年来，因其品质优良，且产量稀少，而成为高档食材。黄河刀鱼本身含有丰富的脂肪，因此，煎鱼时无须放很多油，便能散发出诱人的香气。香煎黄河刀鱼色泽焦黄、香气浓郁、骨酥肉嫩，是一道经典的黄河口风情菜。

## 主要用料

　　黄河刀鱼 10 条、大葱 20 克、姜 20 克、花椒 3 克、玉米面 100 克、面粉 200 克、盐 8 克、大豆油 50 克。

## 制作过程

1. 将黄河刀鱼取出内脏和鱼鳃，洗净，加入盐、大葱、姜、花椒腌制 10 分钟。

2. 将面粉和玉米面混合均匀，备用。

3. 在煎锅内刷上少许油，将黄河刀鱼拍上面粉，平铺在煎锅内，用中火煎，待两面呈金黄色时取出，沥净油，装盘即可。

## 菜品特点

色泽金黄，外焦里嫩，咸鲜味美。

操作关键

1. 黄河刀鱼不要去鳞，也不要打花刀。

2. 拍面粉或淀粉均可。

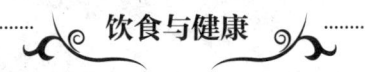

**饮食与健康**

黄河刀鱼肉质细嫩、滋味鲜美，有利于改善视力、改善皮肤。一般人群均可食用。

制作人：李树义

# 酥黄河刀鱼

## 菜品说明

在 20 世纪 60 年代，黄河刀鱼的产量十分可观。当年，由于受到冷藏技术和运输条件的限制，黄河刀鱼只能在本地销售。在刀鱼集中上市时，人们往往会多买一些，将一部分刀鱼用来煎、炸、蒸，另一部分刀鱼则腌起来，制作成咸鱼。有的把黄河刀鱼煎熟后，再用酱油腌制；有的把黄河刀鱼与老咸菜放在一起做成酥鱼。如今，黄河刀鱼已经成为珍稀鱼类，在普通餐桌上已经难觅它的踪影。

## 主要用料

黄河刀鱼 2.5 千克、大葱 100 克、姜 100 克、蒜 100 克、香叶 5 克、小茴香 5 克、八角 10 克、花椒 10 克、米醋 500 克、生抽 300 克、白糖 50 克、老抽 30 克、色拉油实耗 100 克。

## 制作过程

1. 将黄河刀鱼取出内脏和鱼鳃，洗净，沥干水分。

2. 锅中放入色拉油，烧至八成热，下入黄河刀鱼，炸至色泽金黄、鱼体变硬，捞出备用。

3. 先在高压锅底部铺上一层竹箅子，放上大葱、姜、蒜、花椒、八角、小茴香、香叶，再铺上一层竹箅子，将炸过的鱼整齐地摆放在竹箅子上，在鱼上面再铺上一层竹箅子，再摆上一层鱼，如此反复；最后加入米醋、生抽、老抽、白糖和水，盖上锅盖，大火烧开，转小火压40分钟关火，待晾凉后出锅，装盘。

操作关键

1. 刀鱼要炸得干一些，便于成型。

2. 刀鱼要用竹箅子隔开，防止鱼体变形，且方便取出。

## 菜品特点

口感酥软，口味咸鲜，醋香味突出。

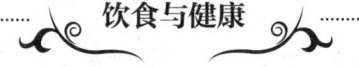

### 饮食与健康

制作酥黄河刀鱼时加入的大量食醋，既能软化鱼的骨刺，提高人体对钙的吸收率，又有利于刺激食欲、帮助消化，同时产生醇香的滋味。一般人群均可食用，但有痛风症状者应尽量少食。

制作人：郭清明

# 小葱炒黄河刀鱼

## 菜品说明

　　黄河刀鱼较多采用干煎、干炸、清蒸等烹饪方法，用这些方法制作的菜品香型都比较平和。而采用先煎后炒的方法，却是别出心裁。尤其是搭配小葱和面酱一起炒，葱香和酱香相互融合，气味芳香，别有一番风味。

## 主要用料

　　黄河刀鱼 400 克、大葱 25 克、小葱 200 克、姜丝 10 克、花生油 100 克、甜面酱 20 克、盐 5 克、味精 3 克、料酒 10 克、面粉 50 克。

## 制作过程

1. 将黄河刀鱼洗净，从鱼鳃处取出内脏，清洗干净，用大葱、姜丝、料酒、盐腌制 5 分钟，然后拍上面粉，放入油锅中煎至两面呈金黄色，捞出，切成段备用；将小葱洗净，切成 6 厘米长的段。

2. 锅中放油，烧热，下入小葱段、姜丝炒出香味，再放入甜面酱炒出酱香味，倒入煎好的黄河刀鱼，加盐、味精翻炒均匀，出锅装盘即可。

操作关键

1. 要从鱼鳃处取出内脏，保持鱼体的完整。

2. 煎鱼时要防止鱼体破碎。

## 菜品特点

色泽酱红，味道咸鲜，葱香浓郁，质地软嫩。

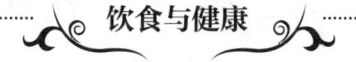

### 饮食与健康

黄河刀鱼中富含优质蛋白、脂肪、维生素和无机盐等营养元素。葱中含有蛋白质、碳水化合物、维生素及无机盐，有利于解表发汗、开胃消食。一般人群均可食用，但有痛风症状者应尽量少食。

制作人：于海洋

# 清煎黄河刀鱼

## 菜品说明

　　黄河刀鱼是黄河入海口独有的食材，一年只出一季，十分珍贵。黄河刀鱼的脂肪以鳞下储存为主，鳞片细小柔软，故以煎制食用为佳。清煎是将新鲜的刀鱼直接入锅煎至呈金黄色，是黄河口人常用的烹制方法。用清煎的方法烹制的刀鱼，香气四溢，撒上花椒盐或者淋上清酱食用，令人回味无穷。

## 主要用料

　　黄河刀鱼 2 千克、姜 50 克、花椒盐 50 克、混合油（大豆油、猪油）100 克、花椒粒 2 克、黄豆酱油 50 克。

## 制作过程

1.将黄河刀鱼除去鱼鳃、内脏，清洗干净，沥水，一切为二备用；姜去皮洗净，切成 0.2 厘米粗的丝。

2.在煎锅内刷上一层混合油，撒上一些花椒盐，将刀鱼逐块摆入锅内，用小火慢慢煎至呈金黄色；在鱼块上撒上花椒盐，翻转后煎至呈金黄色时出锅。

3.取一个大号砂锅，在其底部撒上花椒粒、姜丝，将煎好的刀鱼一层层地码入砂锅内，每层撒上少许花椒盐，从鱼块顶部淋上黄豆酱油，密封腌制 12 小时即可。

**操作关键**

1. 要用小火慢煎，用鏊子煎制更佳。

2. 煎制时，油量不宜过多。

3. 刀鱼码入砂锅晾凉后，砂锅口要密封。

## 菜品特点

色泽金黄，肉质鲜嫩，清香四溢。

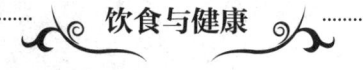

**饮食与健康**

黄河刀鱼属于典型的高蛋白、低脂肪的食材，营养价值较高。一般人群均可食用，建议老年人多食，有痛风症状者尽量少食。

制作人：盖如河

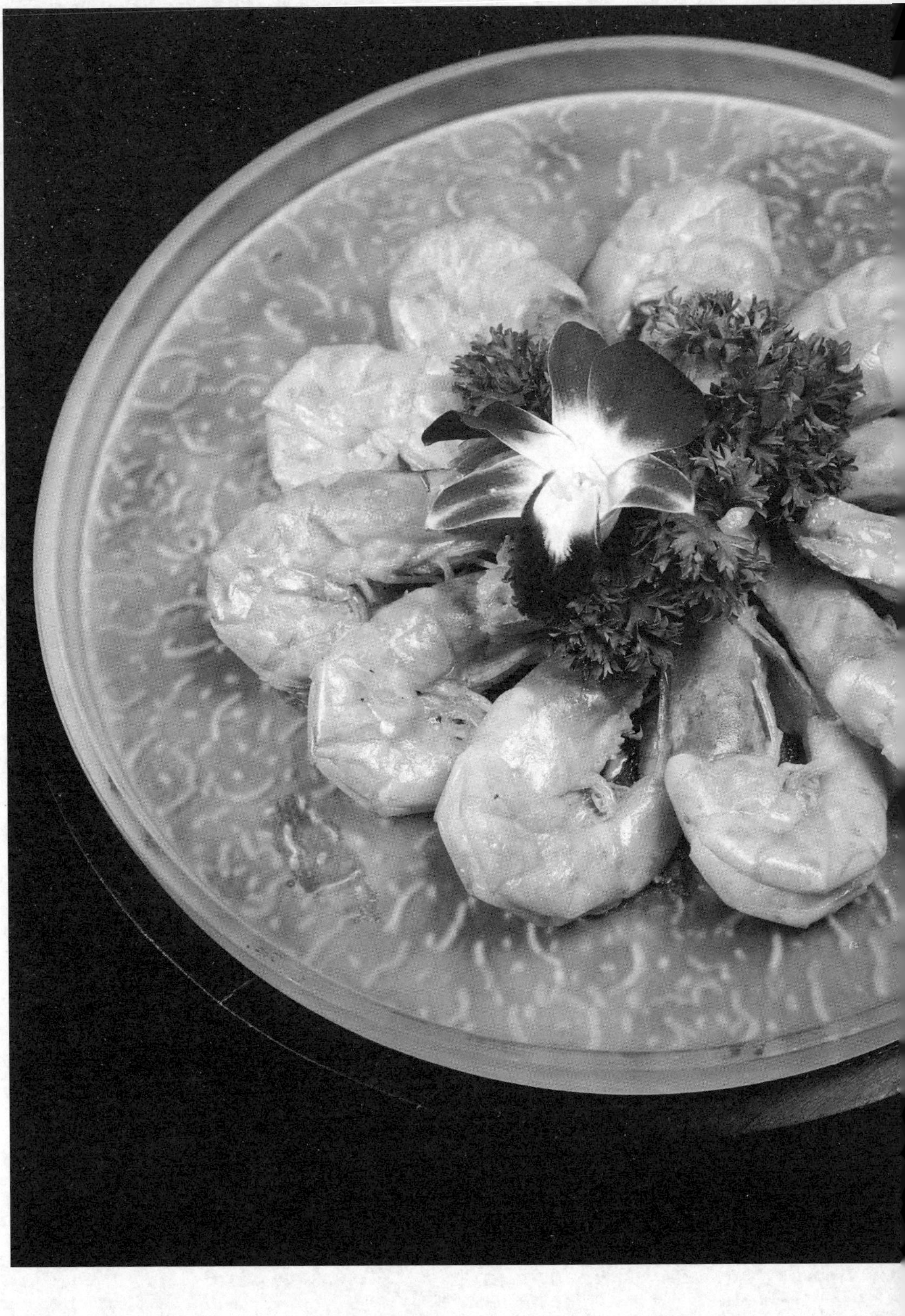

# 滋味鲜甜的大对虾

渤海对虾体长而侧扁，甲壳薄，光滑透明，雄虾呈黄色。在自然海区，雌虾一般体长在16—20厘米，体重70—80克，大者体长可达26厘米，体重在150克左右；雄虾一般体长在14—16厘米，体重40—50克。

过去，由于没有保鲜措施，只能把捕获的大虾煮熟，经脱水制成半干或纯干制品，以便保存和出售。又因为大虾的价格较高，若按斤计量，不便于销售，所以就把两只大虾头尾相连插在一起，一对一对地卖，故此，人们称之为"对虾"。其中也包含着成双成对、好事成双的美好寓意。

渤海湾野生对虾个大体肥、皮色泛黄、肉色晶莹、味道鲜甜，是一种高蛋白、低脂肪的水产品。虾肉中含有丰富的蛋白质；虾皮中含有虾红素、钙、磷、钾等；虾脑中含有人体所必需的氨基酸、脑磷脂等营养成分。对虾营养丰富，为虾类之冠，自古就是海产"八珍"之一，有利于补肾兴阳、强身健体、健脑益智、开胃通乳。如今，渤海湾野生对虾仍然是难得的高档食材，在高级宴会中扮演着重要角色。

用对虾制作的菜肴花样繁多，如虾油老豆腐、㸆大虾、油焖大虾、茄汁大虾、盐水大虾、萝卜丝炖大虾、炸板虾、大虾炖豆腐、粉丝蒸虾、脆皮虾、白菜炒虾等都是黄河口地区的常见菜品。另外，对虾制品更是丰富多彩，比如虾仁、海米、熟对虾干、大虾酱、虾胶、虾滑、虾片等。

大虾疙瘩汤

## 菜品说明

　　疙瘩汤原本是一道家常菜，却被许多酒店做成了一道大菜，如大虾疙瘩汤、大闸蟹疙瘩汤、开凌梭疙瘩汤、海参疙瘩汤、鲍鱼疙瘩汤等。不仅选材越来越高档，而且汤底千变万化，如鸡汤、大骨汤、大虾汤、高汤、蟹粉蟹黄汤等。疙瘩汤有的被申请为专利，有的被纳入非物质文化遗产代表性项目名录，有的则成为地标美食，还有人凭借一道疙瘩汤开了饭店。

### 主要用料

　　渤海大虾 6 只、青萝卜 270 克、面粉 190 克、高汤 1.5 千克、淀粉 30 克、鸡蛋液 200 克、花生油 60 克、味达美酱油 10 克、香菜末 30 克、鸡精 20 克、葱花 30 克、葱油 5 克。

## 制作过程

1. 将大虾从背部划开，去掉虾线，一分为二。

2. 锅内放入花生油，加入葱花爆香，下入大虾炒出红油，烹入味达美酱油，再加入高汤、鸡精等煮制成大虾汤。

3. 将青萝卜切成丝，焯水，过凉，然后用葱油煸炒熟，备用。

4. 锅内放入花生油、葱花爆香，放入面粉炒出香味，制成油面。

5. 用面粉 60 克、淀粉 30 克、水 60 克、鸡蛋液 100 克，调和成面糊，倒入专用的漏勺内，使其漏入开水锅内，氽熟，捞出过凉，制成熟面疙瘩。

6. 锅内加入大虾汤、炒好的萝卜丝、熟面疙瘩，大火烧开，加入炒好的油面，搅拌均匀，再甩上鸡蛋液，待鸡蛋液成蛋花状时倒入盛器内，放入熟虾和香菜末，淋上葱油即可。

**操作关键**

1. 炒制大虾时，要挤出虾脑，并炒出红油和香气。

2. 要使用猪骨头、老鸡熬成的高汤。

3. 炒制油面时要掌握好火候，防止焦煳。

4. 制作熟面疙瘩时，要控制面糊入锅的数量，防止粘连。

## 菜品特点

汤色微红，汤鲜味浓，口感丝滑。

### 饮食与健康

青萝卜有利于清热解毒、止咳化痰、健胃消食、顺气利便。大虾疙瘩汤不仅营养均衡，而且有利于滑嫩的口感、鲜香的滋味，适合女性、儿童、老年人食用。

制作人：代景国

# 虾油老豆腐

## 菜品说明

　　虾油老豆腐是一道传统菜品。一块平淡无奇的豆腐,经过酒店厨师们的精心制作,不仅气味芳香,而且色泽红润、味道鲜醇。其中的核心秘诀,就是添加了自制的虾脑油。

### 主要用料

　　大对虾 10 只、老豆腐 300 克、大葱段 20 克、姜片 20 克、盐 6 克、香菜末 5 克、自制虾脑油 100 克、猪骨汤 1.5 千克。

## 制作过程

1.将对虾洗净，剪掉虾枪、虾须、虾腿，剔除虾线。

2.将老豆腐掰成4厘米大小的块，焯水，备用。

3.锅内放入自制虾脑油、大葱段、姜片煸炒出香味，再下入对虾煎至变红，加入猪骨汤烧开，放入老豆腐、盐，用中火炖5分钟，取出对虾，豆腐继续炖10分钟。

4.将对虾放回汤中烧开，倒入汤盆内，撒上香菜末即可。

操作关键

1.煸炒大虾时，要用手勺挤出虾脑，增色增香。

2.炖制大虾的时间不能过久，以保持鲜嫩口感。

## 菜品特点

色泽红润，质地鲜嫩，汤鲜味美。

--------- ❧ **饮食与健康** ❧ ---------

豆腐有利于补中益气、利水消肿、清热解毒、缓解便秘。大虾与豆腐一起炖制，不仅质地软嫩、味道鲜美，而且有利于补肾兴阳、强身健体、健脑益智、开胃通乳。虾油老豆腐是一道蛋白质、钙含量很高的菜肴，若能搭配蔬菜一起食用，营养会更加全面。适合儿童和老年人食用，但尿酸较高者和痛风患者要少食。

制作人：张士诚

# 金牌脆皮大虾

## 菜品说明

　　明虾养殖是黄河口地区的重要养殖产业，黄河口地区是我国明虾的主要产区之一。因此，这里的大虾菜肴十分丰富。其中，金牌脆皮大虾就是一道经久不衰的菜品。将大虾去掉虾头、腌制后带皮炸制，不仅保全了食材的营养价值，而且丰富了菜品的食用口感，深受食客青睐。

### 主要用料

　　明虾 14 只、龙须面条 50 克、大葱 20 克、姜 20 克、盐 2 克、自制脆炸粉 50 克（黏米粉、糯米粉、淀粉、吉士粉）、料酒 10 克、色拉油 1 千克。

## 制作过程

1. 将明虾去头，剔净虾线、虾囊，洗净沥水，虾壳剥离时保持与虾肉尾部相连。

2. 将龙须面条浸泡回软，盘成鸟巢形状，放入六成热的油中，炸制定型，沥油装盘备用。

3. 在剥好壳的明虾中加入盐、料酒、大葱、姜，腌制 20 分钟，沥净水分，剔去葱、姜备用。

4. 锅中加入色拉油，加热至六成热。

5. 把腌制好的明虾逐个蘸匀自制脆炸粉，抖净多余粉料，放入锅中炸至色泽金黄时出锅沥油即可。

操作关键

1. 明虾去壳时要保持虾壳完整。

2. 明虾要腌制入味，炸制时不要急于翻动，否则会使虾壳脱落。

## 菜品特点

色泽金黄，虾皮酥脆，虾肉脆嫩鲜香。

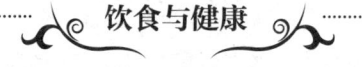

### 饮食与健康

虾中含有丰富的营养物质，其中谷氨酸的含量极高，有利于通乳、催乳、益肾、强精、补钙、健脑。一般人群均可食用。过敏体质者，尤其是患有过敏性鼻炎、支气管炎、反复发作性过敏性皮炎的老年人不宜吃虾，大量服用维生素 C 期间应避免吃虾。

制作人：王志明

# 萝卜丝炖大虾

## 菜品说明

渤海湾水产资源丰富，盛产对虾。渤海湾对虾个大体肥、皮色泛黄、肉色晶莹、味道鲜甜，是一种高蛋白、低脂肪的优质食材。萝卜丝炖大虾是典型的高低食材组合搭配菜品，对虾的鲜甜滋味和虾脑的艳丽色彩，成就了萝卜丝的美妙口感。菜品受到许多食客的喜爱。

## 主要用料

鲜对虾 500 克、青萝卜 300 克、大葱末 20 克、姜末 20 克、盐 5 克、味精 1 克、胡椒粉 1 克、香菜末 5 克、花生油 50 克。

## 制作过程

1. 将对虾洗净，剪掉虾枪、虾须、虾腿，剔除虾线。

2. 将青萝卜切成 6 厘米长、0.2 厘米粗的丝，放入油锅中煸炒至八成熟备用。

3. 另起油锅烧热，放入大葱末、姜末煸炒出香味，下入对虾煎制，对虾变红时，用手勺按压虾头，挤出虾脑，待锅中油脂变红时加入水、盐、胡椒粉、味精调味，放入萝卜丝，炖 5 分钟，撒上香菜末即可。

## 菜品特点

色泽红润，质地软嫩，汤鲜味美。

**操作关键**

1. 在煎制过程中，要用手勺挤出虾脑，增色增香。

2. 要控制好炖制的时间，既要保持虾的鲜嫩，还要使萝卜丝入味。

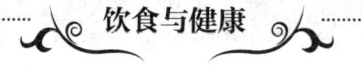

## 饮食与健康

萝卜有利于促进胃肠蠕动、增进食欲、抑制胃酸过多、帮助消化。萝卜与大虾一起炖制，荤素搭配，营养互补，一般人群均可食用，建议老年人经常食用。

制作人：房雪鹏

虾汤汆虾丸

## 菜品说明

　　虾脑鲜美异常，用来煮汤，可谓物尽其用；虾仁做成丸子后，再用虾汤汆熟，不加任何鲜味剂，彰显食材本身的味道。虾汤汆虾丸味道鲜美、滋味醇厚、食用方便，是很多人喜爱的美食。

### 主要用料

　　活大虾 600 克、花生油 50 克、盐 6 克、葱姜水 40 克、姜片 20 克、鸡蛋液 60 克。

**制作过程**

1. 将大虾头去除虾囊，用刀拍扁、剁碎，制成虾头泥备用。

2. 锅内加油，烧至七成热，下姜片爆香，加入虾头泥，煸炒至出红油，倒入开水，放入盐，大火煮至汤色雪白，用密漏捞出汤内的残渣，留汤备用。

3. 将虾身剥去外壳，挑出虾线，吸干水分，放入料理机内，加入鸡蛋液、葱姜水、盐一起搅打成虾胶，挤成直径2厘米的虾丸，放入虾汤锅内氽熟，盛入汤碗内即可。

操作关键

1. 大虾要新鲜。

2. 煸炒虾头泥时要炒出红油。

3. 加开水煮汤，汤汁更白。

**菜品特点**

汤汁味美，香气浓郁，虾丸滑嫩脆爽。

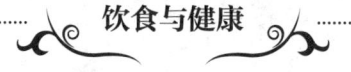

### 饮食与健康

大虾属于低脂肪食物，虾丸口感滑嫩、滋味鲜美，且易于被人体消化吸收，适合女性、儿童、老年人食用。

制作人：王建

# 吉庆的黄河鲤鱼

黄河鲤鱼为中国四大名鱼之一，赤尾金鳞、体形优美，故又被称为赤鲤、红尾鱼、红鱼、龙门鱼等。

中国人有爱鲤崇鲤的习俗，自古黄河鲤鱼就被视为吉祥之物，是富贵有余的象征。如今，在黄河口地区，每逢大事，家家都会准备鲤鱼。比如，在祭祀活动中，祭品台上要摆上黄河鲤鱼；在订婚时，男方须给女方送一对黄河鲤鱼；就连在炕头上贴的年画，也是一个胖娃娃骑在鲤鱼上，以表达年年有余（鱼）、吉庆有余（鱼）之意。

在黄河口地区，宴席上往往有一道用整鱼制成的菜品，还有一套上鱼的仪式和吃鱼的礼节。家常熬大鲤鱼、葱油鲤鱼、香辣黄河大鲤鱼、红烧鲤鱼、糖醋黄河鲤鱼等都是黄河口人喜爱的宴席大菜。

鲤鱼性平、味甘，归脾经、肾经、胃经及胆经，有利于健脾和胃、利水下气。黄河鲤鱼中的蛋白质含量高，还含有铁、铜、锌、钙、镁、磷等营养元素，营养价值很高。黄河鲤鱼味道鲜美、肉质细嫩，适宜儿童、产妇、孕妇及年老体弱者食用。

# 家常熬大鲤鱼

## 菜品说明

　　过去，家常熬大鲤鱼是红白喜事宴席菜单里的首选菜品，被称为"吉庆鱼"或"喜庆鱼"。鲤鱼经宰杀、腌制、挂糊、炸制、加汤煨制等工序，色泽金红、鱼体完整、质地软烂、咸鲜味透，备受人们喜爱。家常熬大鲤鱼非常适合用大锅批量制作，因此，常出现在团餐和婚宴中的菜单中。

## 主要用料

　　黄河鲤鱼1条（约1.5千克）、鸡蛋2个、面粉200克、盐30克、花椒2克、八角2克、酱油50克、香醋30克、胡椒粉1克、大葱30克、姜30克、蒜末10克、香菜末10克、香油5克、花生油100克、猪骨汤2千克、料酒25克。

## 制作过程

1.将鲤鱼去鳞、去鳃、去内脏，洗净，打上柳叶花刀，用花椒、八角、盐将鱼身抹匀搓透，腌制2小时。

2.在腌好的鲤鱼上拍上面粉，再拖上鸡蛋液，入油锅煎（或炸）至两面呈金黄色。

3.锅中加油，烧热，放入八角、花椒、大葱、姜炸出香味，烹入香醋，加入猪骨汤、酱油、料酒、盐、胡椒粉等烧开，放入鲤鱼，大火烧开，打去浮沫，转小火熬制2小时。

4.取出鲤鱼，装盘，取适量原汤浇在鱼身上，撒上蒜末、香菜末，淋上香油即可。

操作关键

1.黄河鲤鱼要提前腌制，更利于入味。

2.要注意火候，使鱼体保持完整。

## 菜品特点

质地软烂，味道咸鲜，色泽金红，香气宜人。

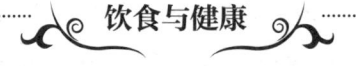

### 饮食与健康

在熬制鲤鱼时加入香醋，不仅能激发鲤鱼的香气，使鲤鱼滋味鲜美，还有利于促进人体对鲤鱼中氨基酸和微量元素的吸收，非常适合老年人和儿童食用。但痛风患者、过敏者及皮肤病患者不宜食用。

制作人：王全民

# 香辣黄河大鲤鱼

## 菜品说明

自 20 世纪 90 年代起，香辣黄河大鲤鱼便在黄河口地区流行。它以鲜嫩的口感、麻辣刺激的复合味型，征服了无数食客的味蕾。时至今日，它仍活跃在各大酒店的菜单上。尤其是选用 5 千克左右的野生黄河大鲤鱼做出的香辣鱼，需要两人才能抬上餐桌，不仅场面宏大，而且香飘四方，令人垂涎欲滴。

### 主要用料

黄河鲤鱼 1 条（约 1.5 千克）、大葱段 50 克、姜片 30 克、蒜末 50 克、蚝油 25 克、陈醋 30 克、生抽 20 克、盐 5 克、味精 2 克、白糖 30 克、色拉油 150 克、麻椒 30 克、花椒 10 克、干辣椒丁 50 克、熟芝麻 10 克、香菜末 10 克、小葱末 10 克、湿淀粉 50 克、料酒 20 克。

## 制作过程

1. 将黄河鲤鱼去鳞、去鳃、去内脏，洗净，打上柳叶花刀，备用。

2. 锅中加水、大葱段、姜片、花椒、料酒煮开，放入鲤鱼，用90摄氏度的水把鱼煮熟，捞出，装入盘内。

3. 锅中加水，放入蚝油、陈醋、生抽、盐、味精、白糖等烧开，用湿淀粉勾芡，熬制成料汁，浇在鱼上面。

4. 另起油锅，放入麻椒、花椒、干辣椒丁炸出香味，浇在鱼上面，撒上香菜末、蒜末、小葱末、熟芝麻即可。

操作关键

1. 用小火煮鱼，以保持鱼肉鲜嫩。

2. 要适当勾芡，增加料汁的黏附力。

## 菜品特点

质地鲜嫩，咸鲜麻辣甜酸，椒香浓郁。

### 饮食与健康

在烹饪过程中加入麻椒、辣椒、糖、醋等调料，能形成浓重的香气和醇厚的滋味，刺激食欲，非常适合年轻人食用。

制作人：鞠中华

# 干烧黄河鲤鱼

## 菜品说明

干烧是鲁菜的一种烹调技法，先将主料用热油炸制，再放入汤汁中入味成熟，最后收浓汤汁。干烧黄河鲤鱼滋味浓厚、肉质紧实，是一道佐酒、下饭的美味，也是黄河口地区流传已久的传统佳肴。

## 主要用料

黄河鲤鱼 1 条（约 1.25 千克）、葱油 30 克、盐 3 克、味精 2 克、白糖 8 克、八角 2 粒、干辣椒 4 克、榨菜 30 克、冬笋 15 克、大葱 20 克、姜 20 克、蒜 30 克、料酒 20 克、黄豆酱油 30 克、香醋 15 克、香油 5 克、色拉油 1 千克。

**制作过程**

1.将黄河鲤鱼宰杀，去净内脏、鱼鳃、鱼鳞，洗净，打上间距 1 厘米的柳叶花刀。

2.将大葱、姜、蒜去皮，切成 0.5 厘米大小的料花；冬笋切成 1 厘米大小的丁；榨菜去皮，用清水浸泡 10 分钟，切成 1 厘米大小的丁；干辣椒切成 0.5 厘米大小的丁。

3.起锅加入色拉油，加热至八成热，在鲤鱼上抹一层酱油，放入锅中炸制 3 分钟，呈深红色时捞出沥油。

操作关键

1. 鲤鱼要炸透，便于入味。

2. 要用小火加热，汤汁要收干。

4.起锅加入葱油，下八角、干辣椒爆出香味，放入葱、姜、蒜炒香，下笋丁、榨菜丁煸炒，随即烹入香醋、料酒，加入开水及各种调料，开锅后打净浮沫，放入炸好的鲤鱼，转小火加热 40 分钟，大火收汁，待汤汁剩余 1/4 时取出鲤鱼装盘，继续收干汤汁，淋入香油，将汤汁和配料覆盖在鲤鱼上即可。

**菜品特点**

色泽红亮，咸鲜微辣、微甜，肉质紧实细腻。

饮食与健康

在烹制鲤鱼时加入醋、糖、料酒，能激发出鲤鱼的香气，使其滋味醇厚。鲤鱼营养价值高，一般人群均可食用，尤其适合老年人和儿童食用。但痛风患者、过敏者及皮肤病患者不宜食用。

制作人：张同彬

# 黄河口大鲤鱼焖海参

## 菜品说明

　　黄河口大鲤鱼焖海参是在焖鱼的基础上添加了海参制作而成，通过长时间的焖制，鲤鱼和海参相互融合，不仅赋予了海参浓郁的香气和滋味，而且提高了菜肴的档次。

## 主要用料

　　黄河鲤鱼 1 条（约 3.5 千克）、海参 10 只、五花肉 100 克、青菜心 10 棵、花椒 3 克、八角 5 克、黄豆酱 50 克、韩式辣酱 30 克、老抽 20 克、生抽 30 克、香醋 15 克、干辣椒 5 克、大葱段 50 克、姜片 30 克、生粉 30 克、花生油 100 克、猪油 80 克、葱油 20 克、盐 5 克、味精 3 克、白糖 5 克。

## 制作过程

1.将鲤鱼宰杀，去净内脏、鱼鳃、鱼鳞，洗净，打上柳叶花刀；菜心焯水，放入盐、油，调拌均匀。

2.锅内放油烧热，加入五花肉、八角、花椒、葱段、姜片、干辣椒炒香，再加入黄豆酱、韩国辣酱炒香，烹入香醋，放入鱼，加入水、生抽、老抽、盐、味精、白糖等，大火烧开，转中火烧制40分钟捞出，摆放在鱼盘内。

3.用密漏将汤汁中的五花肉、葱段、姜片、八角等捞净，放入海参，用慢火煨透入味；捞出海参，摆放在鲤鱼的一边，摆上菜心；最后将汤汁勾芡，淋上葱油，浇在鲤鱼和海参上即可。

操作关键

1.爆锅时要烹入少许醋，去除鲤鱼本身的腥味。

2.注意焖鱼的火候，既要使鲤鱼软烂入味，又要保持鱼体完整。

## 菜品特点

造型大气，酱香浓郁，鱼肉鲜嫩，海参筋道。

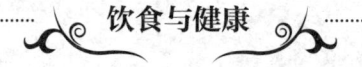

饮食与健康

海参有利于填精补髓、滋阴补肾，提高人体免疫力，自古就是滋补佳品。一般人群均可食用。

制作人：陈杰

# "开凌梭"美食花样多

开凌梭是指在凌汛时节捕捞上来的第一批梭鱼。此时，由于水温低，梭鱼停止摄食，所以鱼无腥味，腹内无杂物，且肉质厚实细嫩、鲜美可口。开凌梭作为黄河口地区标志性的食材，季节性十分明显，自立春到惊蛰期间，是品质最佳期。因此，开凌梭也被黄河口人誉为"开春第一鲜"。

开凌梭肉质洁白、细嫩、无乱刺，富含蛋白质、脂肪酸、维生素B、维生素E、钙、镁、硒等营养成分。鱼头中有类似果冻样的鱼脑，滑嫩香醇、回味悠长，故民间有"食用开凌梭，鲜得没法说，宁（愿）丢车和牛，不丢梭鱼头"之说。

开凌梭的做法多样，如清炖开凌梭、侉炖梭鱼、红烧梭鱼、酱焖梭鱼、梭鱼抱蛋等都是经典菜肴。近几年，东营市绿色餐饮商会还专门组织了以开凌梭为主题的厨艺大赛。比赛精彩纷呈，使黄河口开凌梭这一地方特色食材得到大力推广。

# 葱烧开凌梭鱼

## 菜品说明

葱烧是鲁菜的典型技法。葱烧海参、葱烧蹄筋等都是鲁菜的经典菜肴。制作者借鉴传统技艺之长，大胆地在开凌梭鱼上进行尝试，立意新颖、搭配合理，菜品香气浓郁，一经推出便赢得了顾客的赞誉。

## 主要用料

开凌梭鱼1条、大葱段200克、姜片20克、八角10克、老抽10克、盐5克、生抽5克、花雕酒20克、花椒5克、香菜末5克、糖20克、大葱油200克、花生油1千克。

**制作过程**

1.将开凌梭鱼宰杀干净，切成 8 厘米长的段，加入盐、花椒、花雕酒、姜片腌制 20 分钟。

2.锅内加入大葱油，放入葱段，用小火炸出香味，待呈金黄色时捞出备用。

3.锅内倒入花生油，烧至八成热时下入鱼块，炸至表面微黄，捞出。

4.另起油锅，放入八角、葱段、姜片爆香，放入鱼块、生抽、老抽等和炸好的葱段，烧至熟透入味，淋上大葱油，装盘。

5.撒上香菜末即可。

操作关键

1. 鱼块要宰杀干净、腌制入味。

2. 炸制时要控制好油温，保证鱼皮完整。

3. 烧制时要注意火候，防止鱼块破碎。

**菜品特点**

色泽红润，咸鲜微甜，质感软嫩，葱香浓郁。

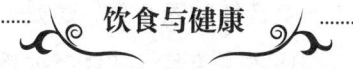

**饮食与健康**

梭鱼肉质细嫩，营养价值较高。大葱中含有挥发油和辣素，有利于祛寒湿、除腥膻、杀菌增香。一般人群均可食用。

制作人：古小康

# 开凌梭鱼炖豆腐

## 菜品说明

开凌梭鱼炖豆腐是一道传统的家常菜，也是开凌梭上市季节酒店里常见的菜品。虽然菜品制作方法简单，却能有效地呈现开凌梭本身的鲜美滋味。配以豆油、豆腐一起炖制，能快速形成汤鲜肉嫩、汤色浓白的效果。

## 主要用料

开凌梭鱼 800 克、老豆腐 200 克、小茴香 5 克、大葱 20 克、姜 20 克、香菜末 5 克、大豆油 50 克、盐 5 克、味精 2 克。

## 制作过程

1. 将开凌梭鱼宰杀，洗净，切成 4 厘米长的块；豆腐切成 3 厘米大小的块。

2. 锅内放入大豆油、大葱、姜、小茴香，用小火炒香，放入鱼块煸炒，加入开水，大火炖 10 分钟，待汤呈乳白色时放入盐、味精、豆腐，再炖制 5 分钟，倒入汤盆中。

3. 撒上葱末、香菜末即可。

操作关键

1. 要用开水炖，且要一次性加足水。

2. 炖制的时间要控制在 15 分钟以上。

## 菜品特点

汤鲜味美，质地软嫩，汤色乳白。

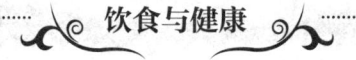

饮食与健康

豆腐中富含优质蛋白和钙，有利于健脑益智、补血养颜、健脾和胃。鱼肉和豆腐均是延缓衰老、强身健体的食材，一般人群均可食用。但尿酸较高者和痛风患者不宜食用。

制作人：刘小民

# 酱焖开凌梭鱼

## 菜品说明

　　焖是一种常用的烹调方法，按照放入的调料和味型分为酱焖、醋焖等。酱焖开凌梭鱼是一道浓香型菜品，这种香型是黄河口人喜欢的主要香型之一。在制作时加入黄豆酱，不仅能有效地去除和遮蔽原料的腥味，还能带来浓浓的酱香，使菜品的色泽更加红润。焖制菜肴多采用自然收汁的方法，不仅汤汁黏稠，而且鲜美异常。

## 主要用料

　　开凌梭鱼1条（约1千克）、黄豆酱30克、老抽10克、生抽20克、盐5克、八角2克、花椒2克、大葱段30克、姜片20克、香菜末5克、花雕酒20克、小葱末10克、香醋5克、花生油100克。

## 制作过程

1. 将开凌梭鱼宰杀，清洗干净，打上柳叶花刀。

2. 锅中加入花生油，下入花椒、八角、大葱段、姜片炸香，放入黄豆酱，炒出香味，烹入花雕酒、香醋，放入梭鱼，再加入水、盐、生抽、老抽，大火烧开，打去浮沫，转小火焖熟，再转中火收浓汤汁，撒上香菜末、小葱末即可。

## 菜品特点

色泽红润，酱香浓郁，口感鲜嫩。

操作关键

1. 爆锅时要烹醋，以去腥解腻。

2. 焖鱼时不要中途加水。

3. 要自然收汁，无须勾芡。

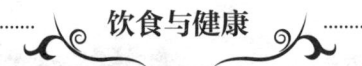

### 饮食与健康

梭鱼肉质细嫩，营养丰富，有利于温中益气、暖胃、滋润肌肤，一般人群均可食用。

制作人：苏强

# 侉炖开凌梭鱼

## 菜品说明

　　侉炖是鲁菜的传统烹饪方法：首先将食材加工成型，腌制入味，再挂糊入油煎制，最后烹入醋、料酒，加入高汤炖制。侉炖开凌梭鱼味道醇厚鲜美，是一道典型的黄河口特色菜肴。

## 主要用料

　　开凌梭鱼750克、吊汤梭鱼500克、面粉80克、鸡蛋2个、大葱30克、姜30克、蒜30克、青蒜苗50克、大豆油200克、八角2粒、料酒50克、盐8克、陈醋60克、香醋30克、鸡精5克、胡椒粉2克、浓汤1千克、花椒2克。

## 制作过程

　　1.将开凌梭鱼去除鱼鳞、内脏、鱼鳃，洗净，大葱、姜、蒜去皮洗净，青蒜苗择洗干净。

2.将梭鱼去骨留肉，鱼骨、鱼头洗净留用，鱼肉切成4厘米宽、6厘米长的块，用大葱、姜、料酒、花椒、盐腌制20分钟；腌制好的鱼块拍粉拖上蛋液备用。

3.将大葱、姜、蒜顶刀切成1厘米大小的料花，青蒜苗顶刀切成0.5厘米的末。

4.起锅下入大豆油，投入鱼骨、鱼头、吊汤梭鱼，放入大葱、姜、蒜料花，急火猛炒，炒至鱼酥烂，加入浓汤，急火加热15分钟，取汤备用。

5.起锅下入大豆油，投入拍粉拖蛋液的鱼块，小火慢煎，煎至两面呈金黄色，取出备用。

6.另起油锅，用大葱、姜、蒜、八角爆锅，下入煎好的鱼块，烹入料酒和调好的醋，加盖焖10秒钟，随即加入滚开的鱼汤，转中火加热15分钟。

7.再次烹入调好的醋、胡椒粉、盐、鸡精，大火加热3分钟，撒上青蒜苗末，装碗即可。

操作关键

1.鱼肉要腌制入味，但味道不可太重。

2.熬制鱼汤时一定要加入用大豆油煸炒的鱼骨、鱼头。

3.要分2—3次烹入调好的醋。

## 菜品特点

色泽金黄，汤汁浓稠，咸鲜微酸，肉质细腻鲜嫩。

### 饮食与健康

梭鱼头中含有大量的胶原蛋白和卵磷脂，有利于美容养颜、健脑益智、软化心血管。醋能促进人体对氨基酸和钙的吸收。一般人群均可食用，特别建议老年人和儿童经常食用。

制作人：耿安康

软炸银鱼

## 菜品说明

软炸与干炸的区别，主要在于糊的调制方法和油温的控制方法不同。在调制软炸糊的过程中，要注意鸡蛋和面粉的比例，炸制时要控制好油温和炸制的时间，以防过度失水而使糊变得干硬，失去软炸的口感特点。

### 主要用料

银鱼 200 克、盐 3 克、大葱段 15 克、姜片 10 克、面粉 50 克、鸡蛋液 50 克、淀粉 50 克、色拉油实耗 50 克、花椒盐 10 克。

## 制作过程

1. 将银鱼洗净，加入盐、大葱段、姜片，腌制 10 分钟。

2. 将面粉、淀粉、水、鸡蛋液调制成糊状。

3. 锅中加油，烧至六成热，将银鱼挂糊，放入油中炸熟，捞出，待油温升至七成热时，再将银鱼放入油中炸至呈浅黄色，捞出控油。

4. 装盘，外带花椒盐一起食用。

**操作关键**

1. 银鱼要沥干水分，以防脱糊。
2. 挂糊要均匀，不可太多太厚。

## 菜品特点

色泽淡黄，鲜香软嫩。

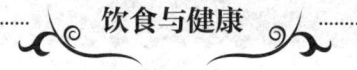

### 饮食与健康

一般情况下，高温油炸会造成食材营养流失，但挂糊后再炸，能较好地保存食材中的营养物质。一般人群均可食用，但炸制菜肴脂肪含量较高，所以不要过量食用。

制作人：崔振友

# 水蛋炒银鱼

## 菜品说明

　　银鱼色泽洁白、软嫩无骨、鲜美异常，带有独特的芳香气息。常见的烹饪方法有炸、煎、炒、锅塌、氽汤等。水蛋炒银鱼是把两种鲜嫩的食材巧妙地组合在一起，采用水炒的技法，慢火炒熟的菜品。菜品口感润滑、味道鲜美，深受人们喜爱。

### 主要用料

　　银鱼 200 克、鸡蛋 6 个、盐 5 克、花生油 50 克、香油 3 克、小葱粒 10 克、清汤 100 克。

## 制作过程

1. 将银鱼洗净，焯水，备用。

2. 将鸡蛋磕入碗内，加入盐、银鱼拌匀。

3. 在不粘锅内加入清汤，倒入拌匀的鸡蛋液和银鱼，小火推炒，待其全部凝固时淋上香油，盛入盘内，撒上小葱粒即可。

操作关键

1. 银鱼要新鲜。

2. 鸡蛋液不能炒老，否则口感较差。

## 菜品特点

色泽黄白，口感滑嫩，味道鲜美。

### 饮食与健康

采用水炒的方法，菜品成熟速度快、受热温度低，能有效地保留食材的营养成分。由于不添加油脂，菜品的口感更加清新滑嫩。一般人群均可食用，特别适合儿童、老年人食用。

制作人：王子杨

# 锅塌银鱼

## 菜品说明

　　锅塌是鲁菜独有的烹饪技法，通常是将鲜嫩的食材进行煎制，再添加汤汁煨制。菜品色泽金黄、质地软嫩、香气四溢。锅塌银鱼的技术关键是银鱼蛋饼的煎制，这要考验厨师大翻勺的功夫，以及对火候和颜色的把控能力。

## 主要用料

　　银鱼 200 克、鸡蛋液 200 克、大葱丝 10 克、姜丝 5 克、香菜段 5 克、盐 5 克、味精 2 克、面粉 20 克、豆油 50 克、料酒 5 克、高汤 300 克、香油 2 克。

## 制作过程

1. 先将银鱼洗净，加入盐拌匀，腌制 5 分钟，再撒上面粉拌匀，倒入鸡蛋液拌匀。

2. 锅中加油烧热，倒出，重新加入凉油，倒入拌匀的银鱼，用小火煎至两面呈金黄色，倒出备用。

3. 锅中加入少量油，下入大葱丝、姜丝爆香，加入高汤、盐、味精、料酒和银鱼，用小火煨透，待汤汁剩 1/3 时，撒上香菜段，淋上香油，放入盘中即可。

**操作关键**

1. 银鱼要新鲜。

2. 在煎银鱼蛋饼时，要防止黏锅、煳锅。

## 菜品特点

造型美观，质地软嫩，咸鲜香浓。

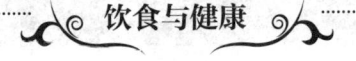

### 饮食与健康

银鱼中富含蛋白质，且氨基酸的种类十分丰富，营养价值很高。鸡蛋中含有丰富的蛋白质和卵磷脂，是公认的滋补佳品，有利于促进大脑发育、提高记忆力、延缓衰老。一般人群均可食用。

制作人：苏强

# 酸辣银鱼汤

## 菜品说明

　　传说，乾隆皇帝微服私访来到广饶县石村镇，被小清河两岸的美景所吸引，行至中午，已是饥肠辘辘。乾隆皇帝对随从说道："桥下有鱼，快去捉来做菜。"只见乾隆皇帝顺手抓起一把白芝麻撒入小清河中，顿时，在水中就有了一种通体透明、油光发亮、形似面条的小鱼。此鱼长不大，也游不走。这就是银鱼的来历。银鱼做汤最能体现出它的鲜美，酸辣口味的银鱼汤能消食健胃、刺激食欲，深受食客的青睐。

### 主要用料

　　银鱼100克、菠菜200克、鸡蛋3个、面粉100克、盐5克、香醋50克、胡椒粉3克、鸡精5克、料酒30克、湿淀粉30克、花生油80克、生抽20克、香油2克、大葱5克、姜5克。

**制作过程**

1.将银鱼洗净，沥水，加入盐、料酒腌制入味，拍粉拖蛋备用。

2.将菠菜洗净，焯水，过凉，切成3厘米长的段；大葱、姜洗净去皮，切成0.3厘米大小的料花；鸡蛋打散备用。

3.起锅加入花生油，将银鱼煎至呈金黄色时沥油备用。

操作关键

1.银鱼要洗净，去净泥沙。

2.香醋不要加得太早，否则会蒸发失去香味。

4.另起油锅，放入葱、姜爆香，加入开水，放入盐、鸡精、料酒、胡椒粉、香醋、生抽调和口味，放入煎好的银鱼，开锅打净浮沫，用湿淀粉勾芡，放入菠菜段，开锅淋入香油即可。

**菜品特点**

色泽红润，酸辣咸鲜，回味怡人。

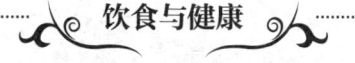

饮食与健康

菠菜中富含膳食纤维和微量元素，尤其是铁的含量很高。银鱼与菠菜搭配制作的汤菜有利于润肺止咳、增强免疫力、预防衰老，非常适合老年人与妇女食用。

制作人：艾全超

# 美味的鲈鱼

鲈鱼性凶猛，以鱼、虾为食，一年即达性成熟。鲈鱼体长侧扁，背厚，肚小，口大，下颌长于上颌，鳃盖骨后缘有细锯齿，体背为青灰色，腹为白色，背和背鳍上有小黑斑点，鳞小，背鳍两个，稍分离。鲈鱼体形较大，一般为 1.5—2.5 千克，大者体重可达 15 千克。

在黄河口地区，人们把不足半斤的鲈鱼称为"小寨花"，半斤至一斤半的鲈鱼称为"鲈板"或"鲈子"，比"鲈子"大的才叫鲈鱼。也许是老一代人留下的饮食习惯，黄河口人特别喜欢吃"一卤盐"的鲈鱼。因为腌制的时间不长，所以它既有鲜鱼的鲜美味道，又有腌鱼的紧实口感，肉质弹性十足，呈蒜瓣肉状，吃起来别有一番风味。

鲈鱼性平、味甘，含有氨基酸、维生素、微量元素等，有利于补肝肾、强筋骨、消食化滞、增强免疫力。

鲈鱼有多种烹饪方法，如煎、炸、蒸、熬、炖、焖等。较常见的做法是煎蒸鲈鱼，先将"一卤盐"的鲈鱼拍上面粉，再拖上蛋液，入油锅中煎（或炸）至两面金黄，然后浇上调味汁，上笼蒸（或熬）熟，撒上香菜末、蒜末即可。此做法为当地传统做法，常用于喜宴和重要的家宴。在此基础上，又出现了鸡汤、蒜蓉、鲜椒、麻辣酱、剁椒等多种味型。

# 黄河口香煎鲈鱼

## 菜品说明

咸鲈鱼的腌制方法可分为干腌、湿腌两大类。但每家腌鱼的方法各不相同，有的用粗盐，有的用盐水，有的则用虾油等来腌制。用虾油腌制的鲈鱼不仅更为鲜美，而且能散发出诱人的香气。搭配玉米饼子一起食用，菜品更具农家风味。

## 主要用料

鲈鱼 1 条（1.5 千克）、虾油 1.5 千克、玉米饼子 10 个、豆油 20 克、大葱段 50 克、姜片 50 克、香菜 50 克、圆葱 50 克、芹菜 50 克、胡萝卜 50 克、面粉 50 克、味精 3 克、八角 8 克、花椒 8 克、干辣椒 8 克。

## 制作过程

1.将鲈鱼去鳞、鳃，取出内脏，洗净，沿着脊骨片成两片，在表皮打上一字花刀。

2.将虾油、味精、大葱段、姜片、香菜、圆葱、芹菜、胡萝卜等放在一起搅拌均匀，放入鲈鱼腌制30分钟。

3.取出腌好的鲈鱼，沾上面粉，放入平底锅内煎至熟透，待两面呈金黄色时取出，改刀切成3厘米宽的条，在盘内摆成圆形，再配上玉米饼子即可。

## 菜品特点

味道咸鲜，肉质筋道、虾油香气浓郁。

**操作关键**

1. 按1斤鱼1斤虾油的比例调制腌汁，腌汁可重复使用3次。

2. 要准确掌握腌制的时间：第一次腌制控制在30分钟；第二次腌制控制在45分钟；第三次腌制控制在60分钟。

3. 煎制时拍面粉即可，且煎制的油量要大一点，更利于鲈鱼成熟。

**饮食与健康**

鲈鱼用虾油腌制后氨基酸的含量更高，风味更为突出。但咸鲈鱼的盐量较高，老年人及高血脂、高血压患者要少食。

制作人：葛中运

家常熬鲈鱼

## 菜品说明

鲈鱼是渤海湾沿岸的主要鱼种，也是酒店宴席中常用的鱼类之一。鲈鱼肉质紧实，呈蒜瓣肉状，味道鲜美。黄河口人常常用熬的方法来烹制鲈鱼，招待贵客。其方法是先将原料进行腌制，再挂糊煎炸，然后加汤熬熟。菜品滋味浓厚、色泽美观，是黄河口地区代表性的菜肴之一。

### 主要用料

鲈鱼1条（750克）、大葱50克、姜50克、花椒5克、八角2粒、熟大豆油80克、猪油30克、葱油20克、鸡蛋2个、面粉200克、盐55克、陈醋50克、香醋30克、胡椒粉5克、料酒30克。

## 制作过程

1. 将鲈鱼去鳞、鳃、内脏，腹内黑膜清洗干净，沥水，打上柳叶花刀；大葱、姜去皮，洗净，沥水，葱切成马蹄形大片，姜切成 0.3 厘米的厚片；鸡蛋打散备用。

2. 锅内加入盐、花椒，将花椒用小火煸炒至呈微黄色，倒入石臼内，捣碎成花椒盐；取出花椒盐，加入葱片、姜片，反复在鲈鱼腹内、腹外揉搓，将鲈鱼腌制 2 小时。

3. 锅烧热后加入大豆油，鲈鱼拍上面粉，拖上鸡蛋液，放入锅内煎至两面呈金黄色时沥油备用。

4. 将陈醋、香醋调和均匀备用。

5. 起锅加入猪油、葱油，加热至七成热时放入葱、姜、八角爆香，烹入混合醋、料酒，随即加入开水，漫过鱼身，加入其他调味料调和口味，开锅打净浮沫后放入煎好的鲈鱼，大火烧开，转小火加热 2 小时，转大火收浓汤汁出锅即可。

操作关键

1. 鲈鱼要用热花椒盐搓透。
2. 鲈鱼要用小火熬制，入味要透，鱼肉要保持软嫩。

## 菜品特点

色泽金黄，咸鲜微酸，鱼肉软嫩鲜美。

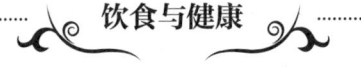

饮食与健康

鲈鱼肉质细嫩鲜美，熬制时加入醋能提高人体对鱼肉中氨基酸和钙的吸收。一般人群均可食用，建议老年人和儿童多食。

制作人：孟庆元

# 家焖咸鲈鱼

## 菜品说明

家焖咸鲈鱼以海鲈鱼为原料，经过腌制、风干、煎、熬等步骤烹饪而成，带有传统的农家风格。经过腌制和风干后的鲈鱼，肉质弹性十足，色白如雪。

### 主要用料

海鲈鱼 1 千克、花生油实耗 150 克、盐 500 克、大葱 50 克、姜 50 克、花椒 20 克、八角 10 克、面粉 100 克、鸡蛋液 100 克、生抽 10 克、味精 5 克、胡椒粉 2 克、高汤 2 千克、香菜末 5 克、香油 5 克。

## 制作过程

1. 在鲈鱼中放入盐、花椒、八角等，放入冰箱冷藏腌制 24 小时。

2. 将鲈鱼置于阴凉通风处，风干 24 小时。

3. 将鲈鱼拍上面粉，再粘裹上鸡蛋液，放入七成热的油中炸制呈金黄色，捞出备用。

4. 锅中加底油，放入大葱、姜、八角炸出香味，加入高汤、生抽、盐、味精等调味，放入鲈鱼，慢火熬制 20 分钟。

5. 鲈鱼出锅后，淋入香油，撒上香菜末即可。

**操作关键**

1. 要注意温度，防止鲈鱼变质。

2. 控制好腌制鲈鱼的时间，以免过咸。

## 菜品特点

色泽金黄，肉质洁白，咸鲜味美。

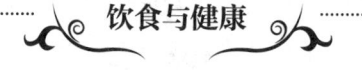

饮食与健康

鲈鱼中含有丰富的不饱和脂肪酸、蛋白质、维生素、微量元素等，有利于增进食欲、增强免疫力、补脑健脑等。

制作人：赵强

# 质地细嫩的狗杠鱼

狗杠鱼又名沙光鱼，是黄河口近海常见鱼类。狗杠鱼鱼头大，鳞片细小，尾鳍末端呈尖形矛状，栖息于近海浅滩和入海口的咸淡混合水中。狗杠鱼生性凶猛，以小鱼、小虾为食，生长速度很快，大者长达30厘米，重约半斤。

狗杠鱼肉质洁白细嫩、味道鲜美，无乱刺，既可用来干炸、红烧，又可炖汤。红烧狗杠鱼、酱焖狗杠鱼、狗杠鱼炖豆腐、干炸狗杠鱼等都是人们喜爱的美味佳肴。

狗杠鱼中富含铜，铜是人体中不可缺少的微量元素，对中枢神经、免疫系统，以及皮肤、骨骼组织、肝、心等的发育和功能有重要影响。狗杠鱼还有利于血液循环，适合心血管病人食用。

在黄河口地区，许多人喜欢吃咸鱼，常见的有咸鲈鱼、咸狗杠鱼、咸鲅鱼、咸马口鱼、咸鳗鱼等。特别是带子的咸狗杠鱼，是许多人的最爱。咸狗杠鱼烹调前要用水洗净，之后稍加浸泡，再将其炸熟或蒸熟，配上炸馒头干或粗粮饼子一起食用，别有一番风味。

# 酱焖狗杠鱼

## 菜品说明

酱焖属于鲁菜传统技法，是海产鱼类常用的烹饪方法，用酱焖的方法做出的菜品酱香浓郁、回味持久。酱焖狗杠鱼肉质滑嫩鲜美，具有地方风味，是典型的黄河口风味佳肴。

## 主要用料

狗杠鱼500克、猪五花肉50克、豆腐250克、干辣椒5克、黄豆酱30克、料酒20克、老抽5克、食材20克、葱油80克、大葱30克、姜30克、蒜30克、八角2粒、盐2克、鸡精3克、白糖3克、胡椒粉2克、香菜6克。

**制作过程**

1.将狗杠鱼宰杀，去净内脏、鱼鳃，腹内黑膜洗净，沥水；大葱、姜、蒜去皮，洗净，切成 0.5 厘米大小的料花；香菜择洗干净，切成细末；干辣椒切成 0.5 厘米大小的丁。

2.将猪五花肉洗净，切成 0.3 厘米厚的片；豆腐切成 3 厘米宽、4 厘米长、1 厘米厚的块。

3.起锅下入葱油，加热至七成热，放入猪五花肉，煸炒至断生，下入大葱末、姜末、干辣椒丁、八角爆香，放入黄豆酱炒出香味，放入狗杠鱼煎制，烹入料酒，加入开水，大火烧开。

4.开锅打净浮沫，加入老抽、食材、盐、鸡精、白糖、胡椒粉调味，转中火加热 8 分钟，放入豆腐块继续加热 5 分钟，转大火收浓汤汁，加入蒜末、香菜末出锅即可。

操作关键

1. 要选用新鲜的狗杠鱼。

2. 黄豆酱要煸炒出香味。

3. 狗杠鱼入锅后不要急于翻动，待鱼肉成形后方可翻动，否则鱼体易碎。

**菜品特点**

色泽红亮，酱香浓郁，鱼肉鲜嫩。

**饮食与健康**

狗杠鱼与豆腐同食，有利于补中调胃、利水消肿、促进儿童骨骼生长发育。特别适合老年人与青少年食用，尿酸高者和痛风患者禁食。

制作人：孙建成

# 炸风干狗杠鱼

## 菜品说明

　　咸鱼是沿海地区常见的腌制品，种类繁多，常见的有咸梭鱼、咸鲅鱼、咸鲈鱼、咸马口鱼、咸狗杠鱼、咸鳗鱼、咸银鱼等。黄河口地区的渔民捕获到产卵前的狗杠鱼时，常用盐腌制，再晾晒成咸鱼干。这种带子的咸狗杠鱼，因滋味浓厚、价格便宜，受到本地人的喜爱。

## 主要用料

　　带子活狗杠鱼 1 千克、盐 28 克、发面饼 300 克、大葱段 200 克、面粉 100 克。

## 制作过程

1.将狗杠鱼洗净，加盐拌匀，腌制 4 小时，控干水分，置于通风处晾晒至五成干。

2.用水洗去狗杠鱼表面的灰尘，沥干水分，撒上面粉拌匀，备用。

3.将狗杠鱼放入七成热的油锅中炸至表面呈金黄色，捞出，沥干油，装盘。

4.上桌时，搭配发面饼、大葱段一起食用。

## 菜品特点

色泽金黄，鱼子饱满，口感筋道，味道咸香。

操作关键

1. 注意狗杠鱼下锅时的油温，防止外煳里生。

2. 市场上出售的咸狗杠鱼干，咸味较重，应先用水浸泡。

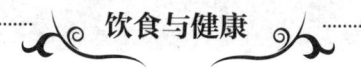

**饮食与健康**

食用狗杠鱼，能补充钙、维生素、铁、铜等。但炸制品含油量较大，因此脾胃虚弱、肥胖者及高血脂、高血压、痛风患者要少食。

制作人：张军

# 虾皮炒萝卜丝

## 菜品说明

　　虾皮虽小，但风味突出，在许多菜肴中发挥着关键的调味作用。虾皮经过炸制或煸炒，会散发出特有的香气，在萝卜丝中加入虾皮能为萝卜丝增加海鲜风味。用猪油爆锅与煸炒，更增添了菜肴的香味和油润感。

## 主要用料

　　淡干虾皮 30 克、青萝卜 300 克、盐 3 克、猪油 30 克、花生油 20 克、大葱丝 30 克、姜丝 10 克、香菜段 10 克、料酒 10 克。

## 制作过程

1.将青萝卜洗净,切成6厘米长、0.2厘米粗的丝,焯水备用。

2.锅内加油,放入大葱丝、姜丝炒香,再下入虾皮炸出香气,烹入料酒,下入萝卜丝、盐等,翻炒均匀,待萝卜丝炒熟后撒上香菜段,翻拌均匀,装盘即可。

## 菜品特点

色泽翠绿,口味咸鲜,香气浓郁。

操作关键

1. 批量制作时,可提前将虾皮炸一下,缩短烹饪时间。

2. 猪油和花生油混合使用,香气更充足。

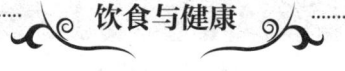

### 饮食与健康

虾皮中含有虾青素,虾的颜色越红虾青素的含量越高。萝卜性平、微寒,味甘、稍辣,有利于清热解毒、止咳化痰、健胃消食、顺气利便。萝卜性寒,偏寒体质、脾胃虚弱者和慢性胃炎患者不宜多食。

制作人:房雪鹏

黄河口虾皮酱

## 菜品说明

　　虾皮是一种普通的海产制品，吃法可谓多种多样，其中，虾皮酱就是人们喜爱的美食之一。它不仅丰富了虾皮的食用方法，而且优化了虾皮菜肴的风味特点，进一步增加了虾皮制品的市场价值。目前，虾皮酱和螃蟹酱、蟹子酱、大虾酱、狗杠鱼酱等一样，以礼盒的形式走进了千家万户。

### 主要用料

　　淡干虾皮 1 千克、五花肉末 300 克、香菇丁 300 克、圆葱末 300 克、八角 2 克、花椒 3 克、桂皮 2 克、香叶 2 克、料酒 10 克、大葱末 150 克、姜末 150 克、色拉油 1 千克、黄豆酱 100 克、蚝油 20 克、白糖 10 克、老抽 20 克、生抽 30 克、辣椒油 150 克。

## 制作过程

1.锅内加入色拉油，放入大葱末、姜末、八角、花椒、桂皮、香叶等，小火炸出香味，捞出葱、姜及香料，制成料油备用。

2.将虾皮放入油中，炸至表面呈金黄色，捞出。

3.锅内放入料油、辣椒油、五花肉末、圆葱末，用中火炒香，烹入料酒，加入黄豆酱炒出香味，再加入生抽、蚝油、老抽、白糖、香菇丁、水和炸过的虾皮等，翻拌均匀，用小火慢慢熬制 20 分钟，待香味透出、滋味融合后关火静置 1 小时，即成虾皮酱。

操作关键

1.虾皮要炸出香味，并保持完整。

2.熬制虾皮酱时，水要一次性加足。

## 菜品特点

咸鲜微辣，香气浓郁，回味无穷。

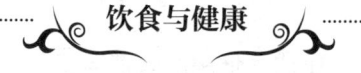

饮食与健康

制作虾皮酱时加入了五花肉、香菇、葱、姜等辅料，既增加了风味，又提高了营养价值，还使菜品的口感更加油润、丰富。虾皮酱是一种调味酱，因为口味较重、油脂含量较多，所以不宜单独食用，建议与其他面食一起搭配食用。

制作人：郭清明

# 补钙虾皮豆腐

## 菜品说明

　　补钙虾皮豆腐是一道成本低廉、营养丰富的菜品。豆腐和虾皮都是富含钙质的食材，且易于被人体消化吸收。挂糊和煎制的方法，更能激发虾皮和鸡蛋的香气。

### 主要用料

　　豆腐 500 克、鸡蛋液 100 克、面粉 50 克、盐 3 克、淡干虾皮 100 克、小葱粒 30 克。

## 制作过程

1. 将豆腐上笼蒸 5 分钟，取出晾凉，切成 8 厘米长、6 厘米宽、1 厘米厚的大片，撒上盐，腌制 10 分钟，备用。

2. 取出豆腐，拍上面粉，拖上鸡蛋液，然后在表面粘上一层虾皮和小葱。

3. 将豆腐放入电饼铛，用 160 度的油煎至两面呈金黄色，取出沥油，装盘即可。

操作关键

1. 豆腐要切得厚薄一致。

2. 虾皮要均匀地粘裹在豆腐上。

## 菜品特点

色泽金黄，味道咸鲜，质地软嫩，香气浓郁。

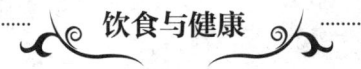

**饮食与健康**

豆腐有利于补中益气、清肠润燥；含有丰富的钙和优质蛋白，特别容易被人体吸收利用。虾皮具有很高的营养价值。一般人群均可食用。

制作人：崔志磊

# 汤鲜肉嫩的白蛤蜊

黄河入海口滩涂广袤、水质肥沃，非常适合贝类生长，因此，这里盛产白蛤、文蛤、泥螺等。白蛤个头不大、皮薄肉嫩、味道鲜美，被称为"天下第一鲜"，民间还有"吃了蛤蜊肉，百味都失灵"之说。每年的五六月份是白蛤最为肥嫩鲜美的时期，来海滩上拾贝挖蛤蜊的人络绎不绝。

黄河口人爱喝蛤蜊汤，用白蛤做成的汤鲜美异常，让人百吃不厌。烤白蛤、炒白蛤、拌白蛤肉、白蛤肉煎蛋等都是常见的菜品。

白蛤腹中有泥沙，口感牙碜，需要用盐水静养几日，待其吐尽泥沙后方可烹饪。此步骤至关重要，需要耐心等待，否则，泥沙会影响菜肴的品质。

《随园食单》记载："剥蛤蜊肉，加韭菜炒之佳。或为汤亦可。起迟便枯。"其认为蛤蜊与韭菜是绝妙的搭配，最能体现蛤蜊的鲜美。另外，要注意加热的时间，一旦过了火候，蛤蜊肉就会失去鲜嫩的口感。由此可见，加工蛤蜊的火候，是制作菜肴的关键。

蛤蜊性寒、味咸，肉中含有丰富的蛋白质，以及钙、铁、磷、碘、维生素等多种营养元素，营养价值较高，有利于强身健体、滋补益气、滋阴润燥。

# 锅塌蛤肉

## 菜品说明

锅塌是鲁菜独有的烹饪方法，它采用先煎后煨的技法，菜品具有色泽美观、口感软嫩、浓香四溢的特点，适用于质地较软的原料。传统的锅塌菜肴配料相对统一，多为葱丝、姜丝、香菜段，而锅塌蛤肉，则巧妙地选择了韭菜这一配料，地域特色更为鲜明。

### 主要用料

白蛤 1 千克、鸡蛋液 200 克、韭菜末 30 克、面粉 30 克、盐 5 克、大葱末 10 克、姜末 5 克、香油 5 克。

## 制作过程

1. 先将白蛤放入盐水中静养，使其吐尽泥沙。

2. 锅中加水烧开，放入白蛤煮至开口，捞出，取出肉，蘸上薄薄的一层面粉备用；煮白蛤的原汤澄清后备用。

3. 将白蛤肉放入碗中，加鸡蛋液、盐搅拌均匀，倒入锅内煎成1.5厘米厚的圆饼，待其两面呈金黄色时取出，备用。

4. 锅内加底油，放入大葱末、姜末爆香，加入白蛤原汤、盐，再放入煎好的蛤肉饼，用小火煨透，撒上韭菜末，淋香油装盘。

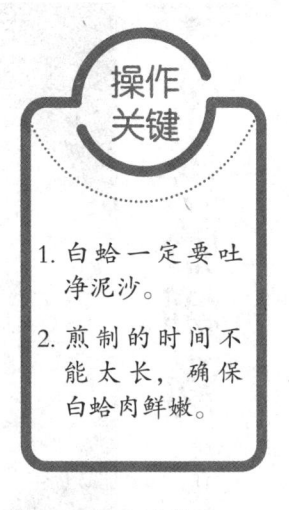

操作关键

1. 白蛤一定要吐净泥沙。

2. 煎制的时间不能太长，确保白蛤肉鲜嫩。

## 菜品特点

质地软嫩，色泽美观，香气浓郁。

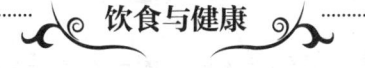

**饮食与健康**

锅塌蛤肉主要使用白蛤肉和鸡蛋制作而成。鸡蛋中富含氨基酸和脂肪酸。蛤蜊肉营养丰富，所含的琥珀酸是锅塌蛤肉鲜味的主要来源。一般人群均可食用，但尿酸高者和痛风患者不可食用。

制作人：潘贵森

# 茶坡蛤蜊汤

## 菜品说明

　　东营区茶坡村的一家普通饭庄，因一盆蛤蜊汤，而名声远扬。大而肥嫩的蛤肉、鲜美醇厚的汤汁，令人垂涎欲滴；翠绿的韭菜、黄色的蛋花，让人赏心悦目。满满的一大盆蛤蜊汤端上桌来，展现着浓浓的乡村气息。

## 主要用料

　　白蛤 1.5 千克、韭菜 20 克、鸡蛋 3 个、干淀粉 100 克、盐 8 克。

## 制作过程

1. 在白蛤中加盐，用清水浸泡 24 小时，洗净；韭菜择洗干净；鸡蛋打散备用。

2. 将白蛤放入开水锅中，煮至开口，取出白蛤原汤，澄清备用，蛤肉用原汤浸泡，控水备用。

3. 将韭菜顶刀切成细末备用。

4. 将白蛤肉控干水分，拍上干淀粉。

5. 锅内加入白蛤原汤，烧开，放入白蛤肉，加盐调味，打入鸡蛋液，撒上韭菜末即可。

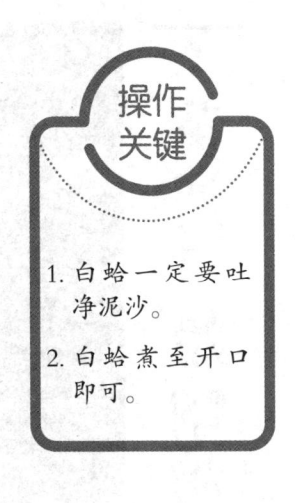

操作关键

1. 白蛤一定要吐净泥沙。
2. 白蛤煮至开口即可。

## 菜品特点

原汁原味，入口滑嫩，鲜美醇厚。

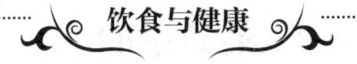

### 饮食与健康

喝蛤蜊汤可以补充钙质、滋补身体。但是蛤蜊必须要清洗干净，尤其是孕妇食用时，一般人群均可食用，但胃寒者应尽量少食。

制作人：刘新华

# 黄河口蛤蜊汤

## 菜品说明

　　黄河口蛤蜊汤讲究汤鲜、肉嫩、色美、滑润。不同的酒店做法不同，有的先将蛤蜊用油煎至两面金黄后再做汤，有的则直接将蛤肉放入汤中；有的用葱、姜爆锅，有的不爆锅；有的用调好的面糊勾芡，有的则加一些碎小的面疙瘩。但使用原汤、甩蛋花、撒韭菜是黄河口蛤蜊汤的共同特征。

### 主要用料

　　白蛤 1 千克、韭菜 50 克、盐 6 克、鸡蛋液 80 克、面粉 100 克、花生油 30 克。

## 制作过程

1.将白蛤放入盆内，加入水、盐，静养4小时，使其吐净泥沙。

2.锅中加水烧开，放入白蛤，煮至开口，捞出，取出蛤肉，将原汤澄清，备用。

3.将白蛤肉粘上面粉，再裹上鸡蛋液，放入油锅中煎至两面呈金黄色，打散成颗粒状，倒出。

4.在面粉中撒上少许凉水，用筷子拌和成小面疙瘩，备用。

操作关键

1.白蛤一定要吐净泥沙。

2.白蛤煮至开口即可，否则影响口感。

5.锅中倒入白蛤原汤，加盐调味，烧开后放入面疙瘩，煮熟，加入煎好的白蛤肉，甩入鸡蛋液，待鸡蛋液成蛋花状时倒入汤盆内，撒上韭菜末即可。

## 菜品特点

色泽美观，蛤肉软嫩，汤汁鲜美，口感滑润。

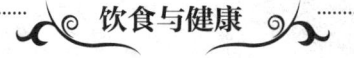

饮食与健康

白蛤中含有琥珀酸、谷氨酸等鲜味成分，这是蛤蜊汤味道鲜美的主要原因。一般人群均可食用，但痛风患者要少食。

制作人：葛中运

# 风味别致的咸梭鱼

梭鱼主要栖息于入海口咸淡水交汇处。按照生长区域，梭鱼可分为海水梭鱼和淡水梭鱼两类，海水梭鱼的质感和味道要好于淡水梭鱼。

过去，渔民出海捕鱼，没有冰箱，也没有冰块，只能将打上来的梭鱼用盐腌起来，以便于长期保存。特别是在梭鱼大量上市时，渔民们便用大量的粗盐将梭鱼腌制成咸鱼。在渗透压的作用下，梭鱼会渗出部分水分，肉质变得紧实而有弹性。经过长时间的腌制，鱼肉慢慢变成淡红色，鱼肉中的蛋白质发生水解，析出部分氨基酸和风味物质，因此，煎炸鱼时会散发出诱人的香气。

黄河口人喜欢吃咸梭鱼，尤其是那些上了年纪的人，更是钟爱咸梭鱼。梭鱼的脑，如透明的琼脂，奇香无比，被当地人称为"油罐儿"，民间有"扔掉车，扔掉牛，不扔梭鱼头"的说法。

关于咸梭鱼的美食较多，常见的有香煎咸梭鱼、炸咸梭鱼、咸鱼炖豆腐、蒸咸梭鱼、咸梭鱼烧茄子等。

梭鱼有利于强身健体、提高免疫力、健脑益智、延缓衰老、美容养颜。

# 咸鱼烧茄子

## 菜品说明

　　咸梭鱼与茄子一起烧制，不仅能使茄子吸收梭鱼的香味，还能使梭鱼变得柔软鲜嫩。咸鱼烧茄子取材简单、滋味浓厚，深受人们喜爱，是一道风味突出的家常菜。

### 主要用料

　　长茄子 300 克、咸梭鱼肉 100 克、干辣椒 5 克、大葱 15 克、姜 10 克、蒜 10 克、五花肉 50 克、八角 2 粒、花生油 100 克、蚝油 5 克、白糖 5 克、鸡粉 3 克、料酒 10 克、胡椒粉 1 克、面粉 50 克、湿淀粉 10 克、小葱粒 5 克。

## 制作过程

1.将咸梭鱼用水浸泡4小时，取出，沥干水分；改刀成6厘米长的段，拍上面粉，入油锅炸至表面呈金黄色，取出备用。

2.将长茄子切成1.5厘米粗、6厘米长的条，放入油锅中炸至回软，捞出沥油。

3.将五花肉切成末，大葱、姜、蒜切成末，干辣椒切成丁，备用。

4.锅内加油烧热，放入八角、干辣椒丁、大葱末、姜末、蒜末、五花肉末，煸炒出香味，加入料酒、蚝油、白糖等调料，加水烧开，放入梭鱼段、茄子条，转小火烧5分钟，用湿淀粉勾芡，盛入盘内，撒上小葱粒即可。

操作关键

1.咸梭鱼要炸至表面呈金黄色。

2.炸好的梭鱼表面干硬，要防止破碎。

3.要用小火煨制，使咸梭鱼与茄子的味道相互融合。

## 菜品特点

咸鲜香辣，质地柔软，风味独特。

**饮食与健康**

茄子性凉、味甘，归胃经、脾经和大肠经，有利于清热活血和消肿。咸鱼中富含蛋白质，且风味突出，但含盐量大，与茄子一起烹调能起到调味作用，咸味也可得到缓解。咸鱼烧茄子中含有较多脂肪，一次不宜食用过多，特别是高血脂、高血压患者应尽量少食。

制作人：顾吉平

# 咸梭鱼酱

## 菜品说明

　　咸梭鱼经过浸泡、烘烤、绞碎、熬制等工序，制成油润芳香、咸鲜微辣的梭鱼酱，再搭配小葱、薄饼或粗粮饼子等一起食用，别有一番风味。目前，已经有企业把咸梭鱼酱做成了预包装食品，成为黄河口地区具有代表性的风味产品。

## 主要用料

　　咸梭鱼 5 千克、郫县豆瓣酱 100 克、黄豆酱 250 克、圆葱末 500 克、大葱 500 克、姜 500 克、辣椒粉 500 克、色拉油 5 千克、蚝油 30 克、老抽 100 克、生抽 100 克、糖 20 克、味精 10 克、八角 50 克、花椒 30 克、桂皮 30 克、香叶 20 克。

## 制作过程

1.在色拉油中放入大葱、姜、八角、花椒、桂皮、香叶等，用小火炸制成料油。

2.在辣椒粉中加少许水，拌匀，浇上热油，制成辣椒油。

3.将咸梭鱼去鳞、去鳃，取出内脏，洗净，用水浸泡6小时，捞出，沥干水分，放入烤箱内烘烤至色泽金黄、质地微干时取出，用绞肉机绞碎。

4.将绞好的鱼肉放入锅中，加入料油和各种调料，搅拌均匀，用小火熬制1小时即可。

操作关键

1. 咸梭鱼要烤出香味。
2. 熬制时要勤搅动，防止煳锅。

## 菜品特点

色泽酱红，咸鲜微辣，酱香浓郁。

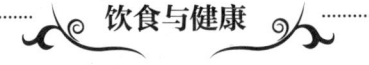

饮食与健康

咸梭鱼酱中富含蛋白质、脂肪和无机盐。其作为一种风味酱，常与其他面食组合食用。由于咸梭鱼酱口味较重、油脂含量高，因此，不要一次食用过多，特别是高血压、高血脂患者及尿酸偏高者更要少食。

制作人：郭清明

渔家蒸鱼肠

## 菜品说明

开凌梭鱼因冬季不进食，所以肠内无污物。渔民们便将开凌梭鱼的肠子、肝、鱼肚收集起来，加上盐进行腌制发酵，做成鱼肠子酱。其风味与虾酱相似，质感细腻、咸鲜味浓，受到许多人的喜爱。渔家蒸鱼肠则是将新鲜鱼肠与虾酱一起蒸熟，其风味更加别致。

**主要用料**

开凌梭鱼肠 200 克、鸡蛋液 100 克、大葱段 20 克、姜片 10 克、味精 2 克、葱油 30 克、梭子饼 100 克、料酒 10 克、干辣椒段 2 克、辣椒油 30 克、红虾酱 20 克。

## 制作过程

1. 将开凌梭鱼的肠子去掉黑膜，清洗干净，备用。

2. 锅中加入水、大葱段、姜片、料酒,烧至80摄氏度，放入鱼肠，焯水，捞出过凉，控干水分，备用。

3. 将鱼肠放入碗内，加入虾酱、干辣椒段、鸡蛋液、辣椒油、味精、葱油搅拌均匀。

4. 将鱼肠放入蒸箱蒸12分钟取出，配上梭子饼一起食用。

操作关键

1. 要选用新鲜的开凌梭鱼肠。

2. 焯水时，要防止鱼肠破碎。

3. 蒸制时要去除多余的水分。

## 菜品特点

色泽红亮，鲜香微辣，鱼肠味浓，口感软嫩。

饮食与健康

梭鱼肠中富含不饱和脂肪酸，有利于改善大脑机能、增强记忆力。蒸鱼肠时加入鸡蛋，提高了菜肴的营养价值和食用价值。由于虾酱、鱼肠的胆固醇含量较高，所以不要一次食用过多，特别是高血压、高血脂患者及尿酸偏高者更要少食。

制作人：单浩杰

# 咸鱼炒馒头干

## 菜品说明

　　咸鱼炒馒头干是一道综合加热的菜品，首先将原料炸制，然后回锅煸炒，既保留了酥脆的口感，又形成了新的复合味型。馒头油香酥脆，咸鱼紧实筋道、满口留香，令人回味无穷，是一款深受人们喜爱的风味菜肴。

## 主要用料

　　咸梭鱼 1 条（约 750 克）、馒头 2 个、面粉 100 克、熟大豆油 30 克、大葱 12 克、姜 12 克、干辣椒 5 克、香菜 10 克、色拉油 1 千克。

**制作过程**

1. 将咸梭鱼放入清水中浸泡 2 小时，再放入温水中洗净泥沙，去掉鱼鳃、腹内黑膜，冲洗干净，改刀成 1 厘米宽、6 厘米长的条，拍上面粉备用；馒头去皮，切成 1 厘米宽、6 厘米长的条。

2. 将大葱、姜去皮，洗净，切成 0.3 厘米粗的丝；香菜择洗干净，去叶留梗，顺长边切成 4 厘米长的段；干辣椒在清水中浸泡回软，切成 0.3 厘米粗、4 厘米长的丝。

3. 起锅加入色拉油，加热至六成热，下入馒头条，炸制金黄酥脆，捞出沥油；将咸鱼条抖掉多余的面粉，放入油锅中炸至表皮酥脆、呈金黄色时捞出，沥油备用。

4. 起锅加入熟大豆油，下入葱丝、姜丝、干辣椒丝爆出香辣味，放入咸鱼条和馒头干条迅速翻炒均匀，撒上香菜段，翻炒出锅即可。

操作关键

1. 炸制咸鱼的时间不可过长，否则会影响口感。

2. 鱼条、馒头干入锅后要快速翻炒，不需要添加调味品。

**菜品特点**

色泽金黄，酥脆焦香，咸鲜微辣。

━━━━━━━━━━ ❦ 饮食与健康 ❧ ━━━━━━━━━━

馒头干中含有蛋白质、碳水化合物等，蒸馒头时加入的酵母，含有多种维生素、无机盐和酶类。咸鱼炒馒头干有利于补充能量、强身健体、安神养颜、健脾和胃、促进消化。菜品风味独特，鱼肉紧实、馒头酥香，引人食欲，但菜品为了追求口感，营养流失较多，不建议老年人食用，高血脂、高血压患者尽量不食。

制作人：沈锦文

# 咸鱼饼子

## 菜品说明

　　咸鱼饼子是大明大厦酒店的招牌菜，20多年来，始终畅销不衰。其精选渤海湾野生高眼鱼，经过腌制、风干、晾晒、剪边、炸制等工序制作而成，肉多刺少，味道鲜美，质地紧实而有弹性，是一种高档腌制品。特别是将其与粗粮饼子搭配在一起食用，洋溢着浓郁的渔家风情。

## 主要用料

　　鲜高眼鱼1千克、盐40克、色拉油1千克、玉米面250克、小米面150克、黄豆面100克、鸡蛋液80克、青菜叶50克、酵母粉2克、糖粉30克。

**制作过程**

1. 将鲜高眼鱼去掉表面的黑皮，去鳃，去除内脏，洗净，放入盆中。

2. 将盐放入凉水中，溶化成盐水，放入高眼鱼腌制 12 小时，捞出，置于通风处，晾晒 24 小时，待表面干爽、约七成干时，剪去背鳍和尾鳍，备用。

3. 将玉米面、小米面、黄豆面、鸡蛋液、青菜叶、酵母粉、糖粉放入盆中，加水和成面团，醒发 30 分钟，分成 80 克的剂子，再制成椭圆形的饼子，贴在铁锅上，烀熟，备用。

4. 锅中加入色拉油，烧至七成热时放入咸鱼，炸至表面呈金黄色，捞出沥油，装盘，搭配饼子一起食用。

操作关键

1. 控制好鱼的晾晒时间和温度，不可晾得太干。

2. 饼子要表皮湿润，不松、不散、不硬。

**菜品特点**

色泽金黄，酥脆焦香，咸鲜筋道。

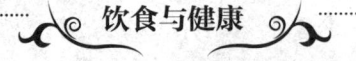

**饮食与健康**

高眼鱼中富含蛋白质、维生素、钙、磷、钾等营养成分，尤其是维生素 B6 的含量颇丰，有利于强身健体、提高免疫力、健脑益智、延缓衰老。咸鱼含盐量高，高血脂、高血压患者尽量不食。

制作人：高春波

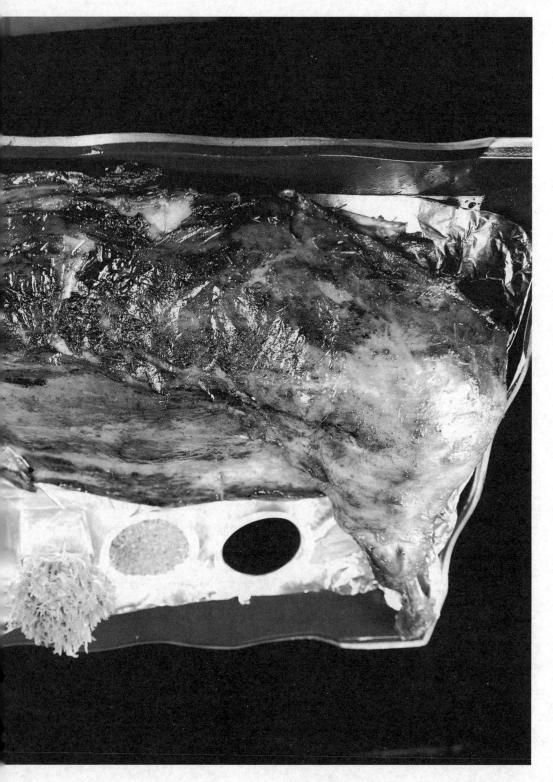

## 标准化养殖的黄河口滩羊

在东营市利津县，建有标准化的黄河口滩羊产业园。产业园以标准化、智慧化、品牌化为发展方向，与山东农业大学合作，制定了《黄河口滩羊养殖地方标准》；与华为公司合作，建成黄河口滩羊智慧管理服务中心，建设大数据平台，配备大数据驾驶舱，实现从羊只入园到喂养、防疫、出栏等全过程的智慧化监管，确保了肉羊品质。

近年来，为了提升黄河口滩羊产品的附加值，东营市人民政府加大了对羊肉制品深加工研发与品牌推广的力度，不仅举办了全国肉羊产业发展大会、黄河口滩羊美食节等宣传活动，还加快推进黄河口滩羊预制菜生产基地的建设。羊肉中含有丰富的蛋白质、脂肪、碳水化合物、钙、磷、铁、胡萝卜素及维生素、烟酸等营养元素。羊肉性温、味甘，无毒，入脾经、肾经，有利于补脾胃、补体虚、祛寒冷、温补气血、助元阳、益精血。

# 手抓羊棒骨

## 菜品说明

　　羊棒骨胶质丰富、肉质紧实，用卤煮的方法烹制，既能有效地去除腥膻气味，又能使菜品香气充足。手抓羊棒骨既可以直接蘸酱料食用，又可以进行炸、烤、熏等二次烹调，是一道非常受欢迎的羊肉菜品。

### 主要用料

　　羊棒骨 10 根、花椒 10 克、八角 6 克、胡椒粒 10 克、圆葱 50 克、孜然 10 克、小茴香 7 克、盐 15 克、大葱 50 克、姜 50 克、白芷 6 克、韭花酱 30 克、蒜泥 30 克。

## 制作过程

1. 将羊棒骨用清水浸泡 4 小时，冲去血水，洗净。

2. 锅中加凉水，放入羊棒骨、大葱、姜煮开，打去浮沫，用中火煮 5 分钟捞出，洗净。

3. 将花椒、八角、胡椒粒、孜然、小茴香、白芷等香料洗净，装入香料包内，放入汤锅中，加入水、羊棒骨、圆葱，大火烧开，打去浮沫，转小火煮熟，放入盐，再用小火焖 10 分钟，捞出装盘。

4. 上桌时，与韭花酱、蒜泥一起食用。

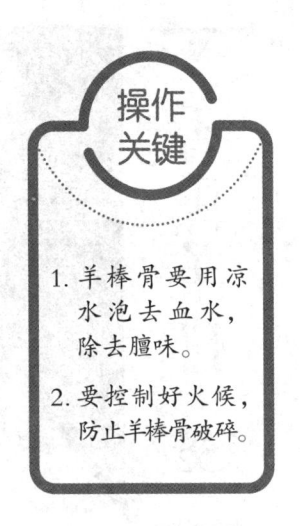

操作关键

1. 羊棒骨要用凉水泡去血水，除去膻味。

2. 要控制好火候，防止羊棒骨破碎。

## 菜品特点

外形完整，口感软烂，香气浓郁。

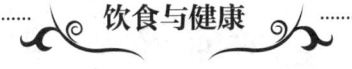

饮食与健康

羊棒骨有利于驱寒暖身、开胃健脾、强身健体，对体质虚寒者非常有益，特别适合冬天食用。一般人群均可食用，但不宜一次食用过多。

制作人：陈强

香熏羊排

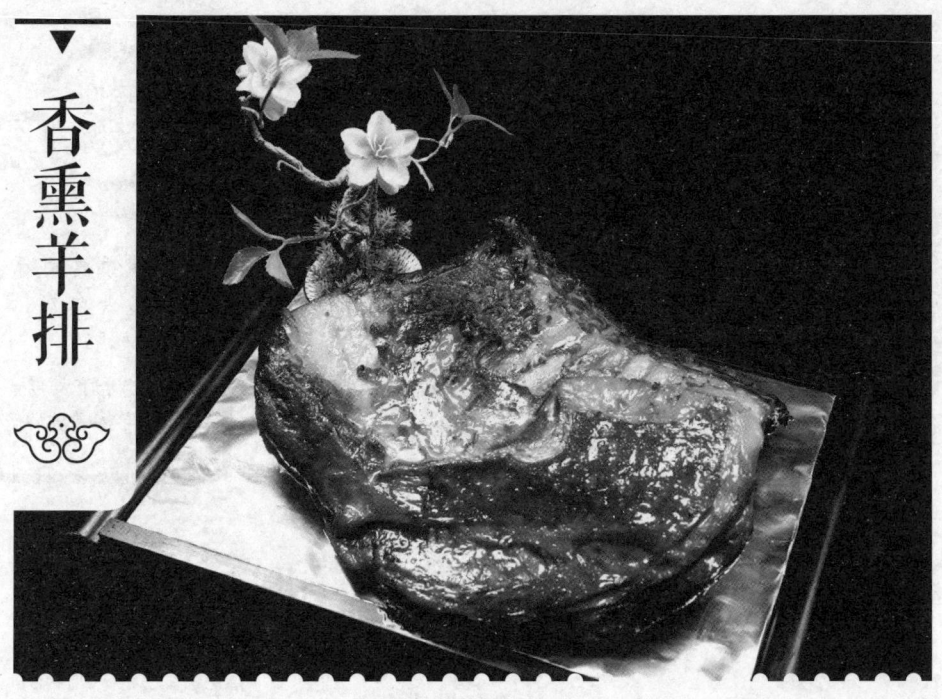

## 菜品说明

熏是一种特殊的烹饪技法，分为生熏和熟熏两种。在熏制时，糖等原料在高温下会产生烟雾，从而使食材表面形成一层保护膜，用来上色、防腐、增加香气。将卤熟的羊排再进行熏制，不仅有效地去除了羊肉的膻味，还能进一步优化羊排的风味和色泽。黄河口人喜欢吃熏制品，常见的菜品有史口烧鸡、香熏乳鸽、熏大鹅、熏鸡翅、熏豆腐皮、熏猪脸等。

**主要用料**

羊排 1 千克（一整扇）、白芷 7 克、大葱段 50 克、姜片 30 克、小茴香 5 克、香叶 5 克、桂皮 5 克、八角 3 克、花椒 10 克、生抽 50 克、圆葱 50 克、盐 15 克、红糖 100 克。

**制作过程**

1. 将羊排用清水浸泡 4 小时，冲去血水，洗净。

2. 锅中加入凉水，放入羊排、大葱段、姜片，大火烧开，打去浮沫，捞出洗净。

3. 将花椒、八角、白芷、小茴香、香叶、桂皮等香料洗净，装入香料包内，放入汤锅中，加入水、羊排、圆葱、生抽、盐等，大火烧开，打去浮沫，转小火焖煮 30 分钟，捞出。

4. 在熏锅底部放入红糖，放上篦子，再放上羊排，盖上锅盖，中火加热至红糖冒白烟，熏至羊排呈淡红色即可。

操作关键

1. 不要将羊排的颜色卤得过深。

2. 要注意熏制羊排的火候，防止羊排颜色变黑、味道苦涩。

**菜品特点**

色泽美观，形体完整，熏味浓郁，口感软烂。

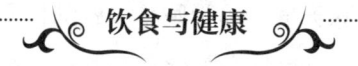

饮食与健康

羊排经过熏制，虽然香气、色泽诱人，但是，在熏制过程中会产生许多不利于身体健康的物质，所以不建议经常食用。

制作人：刘增光

## 烤羊头

## 菜品说明

　　烤羊头是一道风味美食，尽管啃羊头的动作不太雅观，但喜欢它的人却直呼过瘾。烤羊头有生烤和熟烤两种做法。生烤，一般是先将原料腌制入味后再用烤炉烤制，而熟烤则是先将羊头卤制成熟后再进行烤制。经过高温烘烤，羊头色泽焦黄、浓香四溢，配上蘸料食用，别有一番风味。

**主要用料**

　　净羊头5个、老汤25千克、花椒20克、白芷3克、孜然10克、香叶5克、盐100克、鸡精5克、味精3克、胡椒粒20克、料酒200克、大葱段100克、姜片50克、花生油120克、辣椒孜然粉30克。

**制作过程**

1. 将羊头用清水浸泡 4 小时，刷洗干净。

2. 锅中加入凉水，放入羊头、大葱段、姜片、料酒煮开，打去浮沫，煮 15 分钟，捞出洗净。

3. 将花椒、香叶、白芷、胡椒粒、孜然包成香料包。

4. 锅中加入老汤、羊头、香料包、盐、味精、鸡精，大火烧开，打去浮沫，转小火焖煮 2 小时，关火，再焖 1 小时。

5. 将羊头取出，放入烤炉内，用 180 摄氏度的炉温烤制，边烤边刷油，待羊头表面呈焦黄色时即可。

6. 将羊头装盘，与辣椒孜然粉一起食用。

操作关键

1. 要注意焖煮羊头的时间，以免羊头过烂，难以成形。

2. 要控制好烤制的火候，防止烤煳、烤干。

**菜品特点**

色泽红润，质感软烂，咸鲜香辣，香气浓郁。

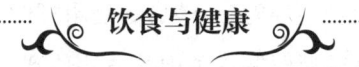

饮食与健康

　　羊头肉的营养价值很高，富含蛋白质、无机盐和维生素等营养元素。食用羊头肉可以增加消化酶，保护胃黏膜；冬季食用还可以增加人体热量，抵御寒冷。但有发热、牙痛、口舌生疮等上火症状者要少食。

制作人：荆殿君

振广大锅全羊

## 菜品说明

　　元朝初年，綦公直回乡省亲，他命令后厨把做好的羊肉分给乡亲们，乡亲们食用后赞不绝口。后厨制作羊肉的方法传到了一个孙氏人的手里，他进行了无数次改良，终于做出了不腥不膻、老少皆宜的羊肉。后来，孙延因整理出祖先制作大锅全羊的方法。大锅全羊配以葱花、香菜末，是一道汤多肉少的菜品。

　　如今，非物质文化遗产传承人孙保国，将大锅全羊发扬光大，让其成为远近闻名的地方特色名吃。大锅全羊一餐一锅，羊肉不膻不腥、汤鲜味美，获得东营市特色名吃、山东省特色名吃、中华名吃等诸多称号。

### 主要用料

　　活杀的全羊 5 只、肉蔻 30 克、白果 35 克、丁香 20 克、茴香 60 克、孜然 50 克、八角 30 克、桂皮 20 克、香叶 15 克、白芷 25 克、白胡椒 80 克、陈皮 30 克、千里香 12 克、玉果 35 克、甘草 25 克、草豆蔻 15 克、姜 750 克、香菜 500 克、大葱 500 克、盐 200 克、味精 500 克、胡椒粉 200 克。

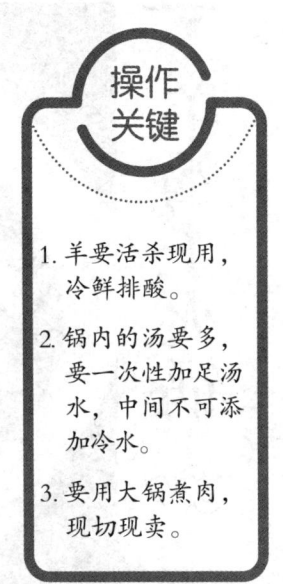

操作关键

1. 羊要活杀现用，冷鲜排酸。

2. 锅内的汤要多，要一次性加足汤水，中间不可添加冷水。

3. 要用大锅煮肉，现切现卖。

## 制作过程

1. 将宰杀后的活羊剔出所有骨头，羊肉分割成 1 千克左右的肉块，放入冷库中冰鲜冷藏 4—6 小时，取出自然解冻；羊头、羊骨放入冷库中冷藏备用。

2. 将羊肠、羊肚、羊肝、羊心等用清水浸泡，冲洗干净，放入开水锅中煮透，除去表面黏液备用；将所有香料放入香料包，扎紧袋口；姜洗净备用。

3. 将羊头、羊骨放入大锅内，加入清水漫过羊骨（水至锅一大半以上），大火烧开，打净浮沫，注入冷水再次开锅打净浮沫；加入姜，转中火煮制 30 分钟，加入羊肠、羊肚、羊肝、羊心等，开锅继续打净浮沫，持续加热 1 小时，取出羊肝备用。

4. 将化冻后的羊肉块放入锅内继续加热，开锅后打净浮沫，加入香料包和盐，转小火加热 1.5—2 小时。

5. 将香菜择洗干净，沥水，切成细末，大葱择洗干净，切成 0.5 厘米大小的葱花，连同胡椒粉、味精、盐装碟；分全羊汤与纯羊肉汤装盆，客人按斤称肉。

## 菜品特点

原汤原味，汤清味美，肉质细嫩醇香。

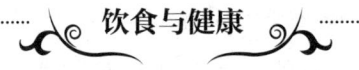

### 饮食与健康

羊肉汤中富含维生素 B、蛋白质、脂肪，有利于驱寒暖胃、排湿养颜、强身健体、健脾补气、温肾壮阳、活血化瘀。一般人群均可食用，高血脂、高血压患者应尽量少食。

制作人：孙保国

# 羊蝎子火锅

## 菜品说明

　　羊蝎子火锅具有驱寒养生、滋阴补肾等功效，羊蝎子搭配新鲜的蔬菜一起涮煮，营养更加丰富。利津黄河口滩羊是黄河口地区的特色食材之一，东营地方菜研究所经过无数次的试制研发，研发出利用利津黄河口滩羊作为食材的羊蝎子火锅，用于大型接待活动。其风味独特、味道清香、滋补养生，深受食客的青睐。

### 主要用料

　　新鲜羊排 5 千克、羊蝎子 5 千克、羊尾 1 千克、白菜心 500 克、豆腐 500 克、青萝卜 500 克、粉条 250 克、小葱 20 克、香菜 20 克、肉桂 3 克、小茴香 4 克、香叶 2 克、白芷 2 克、陈皮 3 克、黑胡椒 10 克、白胡椒粒 20 克、干辣椒 20 克、花椒 8 克、干姜 30 克、熟菜籽油 300 克、生抽 500 克、料酒 300 克、盐 30 克、麻椒 10 克、圆葱 50 克、鲜姜 50 克、大葱 100 克。

## 制作过程

1. 将羊排、羊蝎子、羊尾斩成 4—6 厘米的大块，用清水浸泡 4 小时，放入凉水锅中，大火烧开，煮 10 分钟捞出，用清水冲洗 2 小时，沥水备用。

2. 将大葱、鲜姜、香菜、圆葱择洗干净，沥水；圆葱切成 6 厘米大小的滚刀块，大葱、鲜姜切成厚片，香菜、小葱切成细末；白菜心洗净，撕成 3 厘米大小的块，萝卜洗净，顶刀切成 0.3 厘米厚的圆形片；粉条用温水浸泡回软，切成 6 厘米长的条；干辣椒用清水浸泡回软，挤干水分，切成 1 厘米长的段。

3. 将所有香料煸炒至干燥状态，待水分蒸发干净后，装入香料包封口备用。

4. 起锅加入菜籽油，加热至七成热，下入麻椒、干辣椒段，煸炒出麻辣味后放入大葱片、鲜姜片、圆葱块继续煸炒，烹入料酒，加入纯净水，大火烧开，加入生抽、盐调味，放入羊排、羊蝎子、羊尾，开锅后打净浮沫。

5. 大火加热 10 分钟后放入香料包，再次打净浮沫后转小火加热 1 小时，关火静置备用。

6. 取一个大号砂锅，放入羊排 300 克、羊蝎子 300 克、羊尾 3 根，加入原汤，烧开后用卡式炉上菜，配白菜、萝卜、豆腐、粉条各一份，香菜末、小葱末各一小碟，随砂锅一起上菜即可。

操作关键

1. 羊排、羊蝎子、羊尾焯水后用清水冲洗的时间要充足，否则腥膻味重。

2. 火候要适当，要用小火加热，否则肉质发柴。

## 菜品特点

驱寒养生，咸鲜微麻微辣，清香怡人。

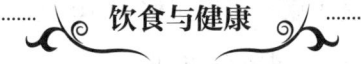

饮食与健康

羊蝎子有利于滋阴清热、养肝明目、补钙益气、强身壮体、健脾和胃。羊蝎子与青菜、豆腐搭配食用，能补充无机盐及维生素，使菜品更具营养价值。一般人群均可食用，特别是老年人冬季可经常食用。

制作人：郭清明

# 生氽羊肉

## 菜品说明

　　氽是鲁菜传统烹饪方法之一，氽制的菜品原汁原味、汤鲜味足，深受欢迎。生氽羊肉是清朝末年的名菜，选取嫩羊肉，经腌制入味后，再用生氽的方法使其成熟，口感细嫩、味道鲜美，是一道风味独特的羊肉菜肴。

## 主要用料

　　羊肉 750 克、羊骨 1.5 千克、大葱 20 克、圆葱 50 克、干辣椒段 2 克、姜 25 克、白芷 2 片、盐 3 克、美极鲜酱油 10 克、味精 2 克、鸡精 2 克、香菜 60 克、小葱末 30 克、胡椒粉 20 克。

**制作过程**

1. 将羊肉浸泡 2 小时，除去血水，冲洗干净，再切成 1.5 厘米大小的块；大葱、姜洗净切片，圆葱切条，香菜择洗干净，取下菜根备用。

2. 在切好的羊肉块中加入盐、美极鲜酱油、大葱片、姜片、圆葱条、香菜根、少许干辣椒段，腌制 1 小时备用。

3. 将羊骨剁块、洗净，锅内放入纯净水，下入羊骨块，大火烧开，打去浮沫，加入葱片、姜片、白芷等，改用小火煮制 2 小时，使汤汁保持清澈。

4. 将吊好的清汤放入砂锅内烧开，将腌好的羊肉除去腌料后放入汤内，带卡式炉上桌，开锅 10 分钟后即可，配香菜末、小葱末一起食用。

操作关键

1. 要选用当天宰杀的羊，羊肉要腌制入味，去除腥膻味。

2. 用羊骨吊制清汤时，一定要用小火。

3. 羊肉入锅后煮至断生即可。

**菜品特点**

汤色微红亮，羊肉质感软嫩，羊汤鲜香味美。

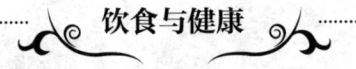

**饮食与健康**

与牛肉相比，羊肉肉质更细嫩，更易被人体消化吸收。生氽羊肉带汤食用，可谓原汤化原食，有利于暖胃健脾、帮助消化，特别适合儿童、老年人食用。

制作人：舒冠清

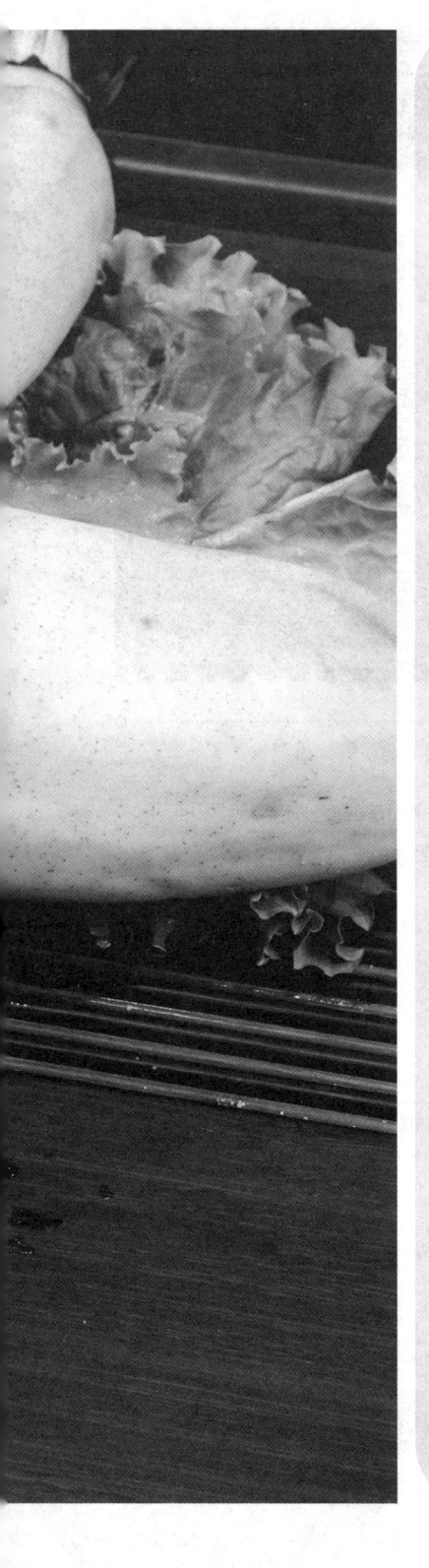

# 清脆甘甜的白莲藕

　　莲藕，每年5月栽种，9月中旬逐渐成熟，挖藕期可一直持续到来年的5月。黄河口地区盛产莲藕，多为九孔白莲藕，藕体洁白，清脆甘甜，质地细腻，适宜鲜食、榨汁、凉拌、炖食及炒食。

　　黄河口人爱吃白莲藕，吃法更是多种多样。如炸藕盒、藕肉丸子、藕香肠、鲜藕炖排骨、炝藕片、珊瑚藕、橙汁藕片、芝麻藕条、江米藕等都是深受黄河口人喜爱的美味佳肴。

　　生藕性寒，甘凉入胃；熟藕，其性由凉变温，有利于养胃滋阴、健脾益气，是一种很好的食补佳品。而藕加工制成的藕粉，既富有营养，又易于被人体消化吸收，有利于养血止血、调中开胃。

鲜虾藕盒

## 菜品说明

　　在黄河口地区，每逢春节，家家户户都会做藕盒。藕盒是一道非常常见、制作简单的家常菜，经过酒店改良的鲜虾藕盒，用鲜虾入馅，成品酥脆鲜香、色泽诱人。

### 主要用料

　　莲藕 1 千克、鲜虾 300 克、猪五花肉 200 克、大葱 30 克、姜 30 克、盐 12 克、料酒 10 克、花椒 3 克、胡椒粉 2 克、鸡蛋 3 个、面粉 150 克、湿淀粉 50 克、面包糠 500 克、色拉油 1.5 千克。

## 制作过程

1. 将莲藕去皮洗净，切成 0.3 厘米厚的斜刀片，放入清水中浸泡；鲜虾去头，剥去虾壳，洗净，与猪五花肉一起剁成肉泥；大葱、姜各 10 克切成细末备用。

2. 将大葱、姜各 20 克切成细丝，加入料酒、盐、花椒、清水，制成花椒水；鸡蛋去壳打散备用。

3. 在剁好的肉泥中分 3 次加入花椒水，搅拌均匀，加入盐、大葱末、姜末、胡椒粉、色拉油，顺时针搅拌起劲，制成鲜虾馅。

4. 取两片藕片盒上鲜虾馅，上下对齐压紧后拍粉拖蛋裹面包糠，双手压紧做成藕盒生胚。

5. 起锅加入色拉油，加热至七成热，将藕盒块放入锅中炸至呈金黄色时捞起，待油温升至八成热时回锅复炸沥油即可。

操作关键

1. 鲜虾肉与猪五花肉不可剁得过细，否则会影响口感。

2. 藕盒炸至熟透即可捞起，要回锅复炸，保证口感酥脆。

## 菜品特点

色泽金黄，酥脆鲜香，咸鲜适中。

**饮食与健康**

熟藕性温、味甘，有利于益胃健脾、补气养血。鲜虾藕盒荤素搭配，营养全面，一般人群均可食用，但老年人尽量少食。

制作人：耿安康

# 莲藕炖仔排

## 菜品说明

　　根据质地和口感，莲藕可分为脆藕和绵藕，脆藕适合制作凉菜，以及用炒的方式烹饪，绵藕则适合用炖、焖、烧等方式烹饪。莲藕是黄河口地区的常见食材，无论是凉菜、热菜，还是面点，都有莲藕的身影。

## 主要用料

　　猪小排 500 克、莲藕 200 克、盐 5 克、八角 3 克、花椒 2 克、味精 2 克、姜片 20 克、大葱段 30 克、香菜段 10 克、料酒 15 克。

**制作过程**

1. 将猪小排洗净，剁成 5 厘米长的段；莲藕去皮，切成 4 厘米大小的滚刀块。

2. 将排骨块、莲藕块分别焯水。

3. 砂锅内加水、排骨块、莲藕块、大葱段、姜片、料酒、花椒、八角，大火烧开，打去浮沫，转小火炖至成熟，加盐、味精调味。

4. 倒入盆内，撒上香菜段即可。

操作关键

1. 炖制时要用不锈钢锅或砂锅。
2. 要大火烧开，小火炖制，保持汤汁清澈。

**菜品特点**

质地软烂，汤清味美，味道咸鲜。

**饮食与健康**

莲藕炖仔排是一道养生菜品，有利于健脾益胃、养血生肌、增补体力。猪排骨中除含蛋白质、脂肪、维生素外，还含有大量磷酸钙，可为人体提供钙质。但莲藕炖仔排中含有较多的嘌呤，尿酸高者及痛风患者不宜食用。

制作人：葛义华

# 清脆爽口的老咸菜

咸菜具有刺激味蕾、增进食欲、调剂口味的作用，在家庭生活和酒店菜单中扮演着重要角色。

过去，腌咸菜是家庭、食堂和饭店的重要工作，常用芥疙瘩、青萝卜等蔬菜加粗盐腌制而成，方法简单、粗犷。其突出特点是质地脆、味道咸、耐储存。后来，出现了酱油腌、虾油腌、糖醋腌、虾酱腌、面酱腌等方法，咸菜的品类也愈加丰富。咸菜的价格差异也越来越大，从几毛钱到几十元不等。尤其是用虾油腌的老咸菜，虾油里的风味物质和鲜味成分会慢慢渗透到咸菜里面，使咸菜拥有红褐色光泽，散发出诱人香气。紧实的质地、鲜美的滋味、清脆的口感，让人舌下生津、食欲大开。咸菜腌得年份越久，价格也就越贵，有的老咸菜售价甚至超过 50 元 / 千克，成为奢侈的美味。

酒店常对芥疙瘩咸菜进行二次加工，常见做法的有拌咸菜、鸡蛋炒咸菜、肉丝炒咸菜、粉条炒咸菜、辣椒炒咸菜、蒸咸菜、煎咸菜、烤咸菜、咸菜酱等。有的酒店还把制作的咸菜设计成精美的伴手礼，很受大家欢迎。

# 咸菜炒鸡蛋

## 菜品说明

　　咸菜在腌制过程中会自然发酵，其中的氨基酸在氯化钠的作用下能分解出多种提升风味的物质。鸡蛋中富含蛋白质和卵磷脂，能够丰富咸菜的营养价值，改善食用口感。咸菜炒鸡蛋是一道地地道道的乡村风味美食。

### 主要用料

　　咸菜疙瘩 500 克、鸡蛋液 200 克、花生油 150 克、大葱丝 20 克、姜丝 20 克、八角 2 克、香菜段 5 克。

## 制作过程

1.将咸菜疙瘩切成8厘米长、0.2厘米粗的丝,用清水浸泡3小时,捞出,备用。

2.锅内放入花生油、八角、大葱丝、姜丝,炸出香味,再放入咸菜丝煸炒至回软,倒入鸡蛋液翻炒均匀,装盘,撒上香菜段即可。

## 菜品特点

咸鲜味浓,色泽美观。

操作关键

1. 炒咸菜丝时,要多放一些油,增加香气和光泽。

2. 鸡蛋要炒至黏附在咸菜上。

### 饮食与健康

咸菜与鸡蛋搭配,不仅补充了蛋白质,还能使菜肴更具食用性。但不可否认的是,咸菜的营养价值远比鲜菜要低,不仅含盐量高,而且还有少量的亚硝酸盐,经常食用对健康不利。因此,可以通过浸泡等方法降低咸菜的咸度,还可以将咸菜与其他食材搭配制成菜肴。

制作人:吕保国

# 肉丝炒咸菜丝

## 菜品说明

　　咸菜无论是在北方还是南方，都是家庭、食堂和酒店的餐桌上不可或缺的调味品。咸菜的种类繁多，南北风味差异很大。北方咸菜以咸鲜味为主，做法主要有拌咸菜、炒咸菜、蒸咸菜等。其中，肉丝炒咸菜是一道咸鲜味美、引人食欲的风味下饭小菜，常常与面食类搭配食用。

### 主要用料

　　咸菜疙瘩 500 克、五花肉丝 100 克、大葱丝 15 克、姜丝 15 克、色拉油 100 克、老抽 10 克、生抽 20 克、蚝油 5 克、干辣椒丝 5 克、香菜段 5 克、香油 5 克。

**制作过程**

1. 将咸菜疙瘩切成 8 厘米长、0.2 厘米粗的丝,用清水浸泡 4 小时,捞出,备用。

2. 锅内加入色拉油,烧热,下入五花肉丝煸炒至出油,放入大葱丝、姜丝、干辣椒丝炸出香味,再下入咸菜丝、生抽、老抽、蚝油,将咸菜丝煸炒至回软,撒香菜段,淋香油,出锅即可。

**菜品特点**

咸香微辣,色泽红亮。

操作关键

炒咸菜丝时不要加水,油可多放一些。

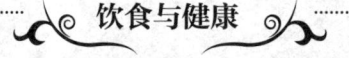

饮食与健康

猪肉性平、味甘,有利于润肠胃、生津液、补肾气。咸菜疙瘩中含有丰富的无机盐和膳食纤维,有利于生津开胃、促进肠胃蠕动。咸菜属于口味调剂品,含盐量高,营养价值较低,因此不可多食,高血压、高血脂患者及老年人更要少食。

制作人:吕保国

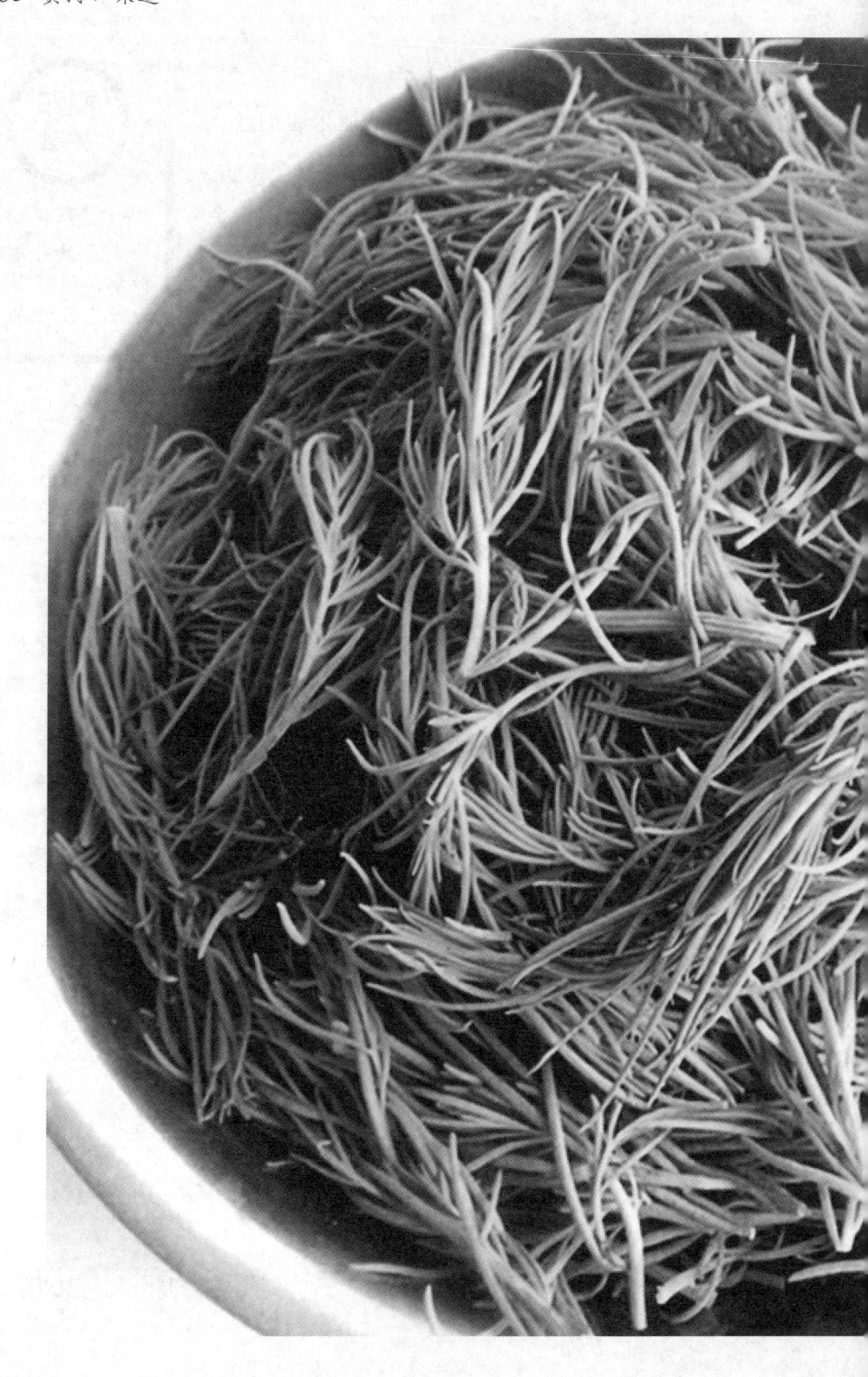

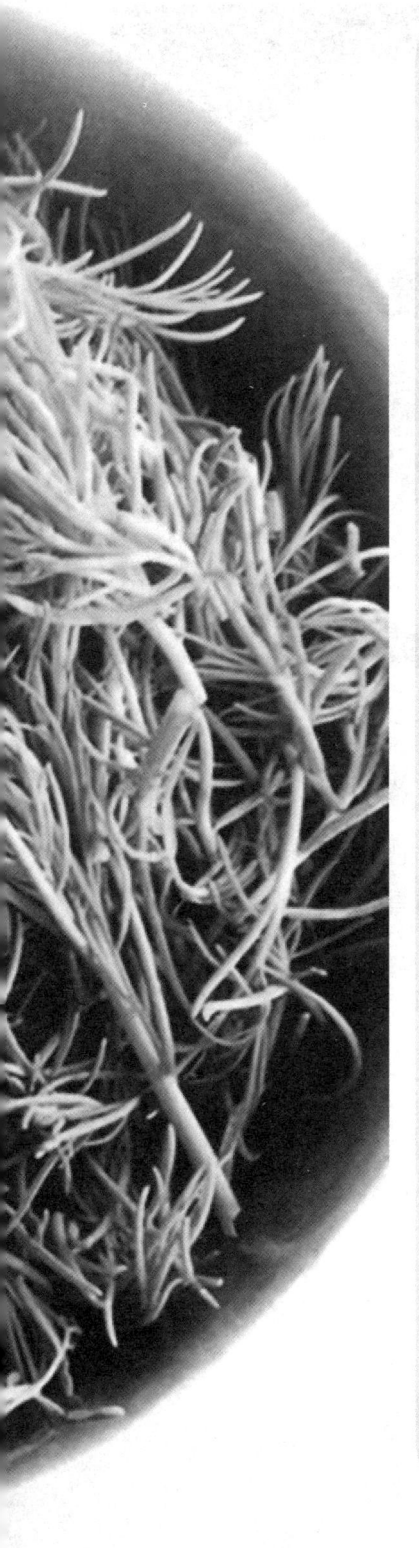

# 鲜嫩多汁的皇席菜

在黄河口的盐碱地里生长着一种野菜，学名叫翅碱蓬，又名黄须菜、黄蓿菜、碱蓬草。而东营人则喜欢叫它皇席菜。

传说，唐朝大将薛仁贵东征路经黄河口，在军中粮草尽绝时靠采食黄须菜充饥，最终渡过了难关。后来，大军获胜，在庆功宴上，薛仁贵忆起了黄须菜，便令人去采摘，并让百官品尝，百官啧啧称赞。此后，薛仁贵还用此菜招待过皇帝，皇帝尝后也说好吃。由此，黄须菜便有了皇席菜的美名。

皇席菜中含有膳食纤维、维生素、氨基酸等营养元素及各种微量元素，有利于润肠通便、清心养血、消肿利尿、促进食欲。

皇席菜常见的食用方法有蒜泥拌、红油拌，还能用来包水饺、蒸包子、摊咸食等。还有一些有心人把皇席菜焯水后冷冻起来，以备冬天食用。近几年，皇席菜宴席、皇席菜丸子、皇席菜面条、皇席菜月饼等新产品也被开发出来。

# 鸡茸皇席菜

## 菜品说明

20 世纪 90 年代，东营宾馆的厨师团队经过潜心研究，推出了具有黄河口地方特色的皇席菜宴席。宴席中的凉菜、热菜、面点全部以皇席菜为主要原料制作而成，菜品共计 20 多种。鸡茸皇席菜、皇席菜虾卷等都是皇席菜宴席中的代表菜。

### 主要用料

皇席菜 500 克、高汤 1 千克、鲜鸡脯肉 300 克、盐 5 克、味精 2 克、鸡蛋 4 个、羊肚菌 10 个、湿淀粉 35 克、面粉 50 克。

**制作过程**

1. 将皇席菜焯水，过凉，挤干水分；5 根皇席菜为一组，理顺成毛笔头状。

2. 将鸡脯肉用刀背砸成泥，加入盐、鸡蛋、湿淀粉、高汤等搅匀，制成鸡料子。

3. 将羊肚菌洗净，放入高汤中加热 5 分钟，入味备用。

4. 将皇席菜拍上少许面粉，再在表面裹上一层鸡料子，放入开水锅中汆熟，捞出后放入炖盅内，再加入羊肚菌。

5. 在锅内加入高汤、盐、味精，烧开，倒入炖盅内即可。

操作关键

1. 要选用皇席菜最嫩的枝芽。

2. 要保证搅好的鸡料子为糊状，以便粘裹在皇席菜的表面。

**菜品特点**

口感软糯，汤鲜味美。

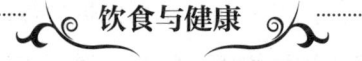

饮食与健康

皇席菜中富含氨基酸和微量元素，可以提高机体免疫力。鸡茸中富含卵磷脂、蛋白质、维生素和无机盐，有利于健脑、促进人体生长发育。一般人群均可食用。

制作人：顾兰章

# 锅塌皇席菜

## 菜品说明

　　锅塌是鲁菜独有的烹饪方法，采用先煎后煨的方式制作而成，菜品色泽金黄、味道鲜美、质地软嫩、滋味浓厚。如锅塌里脊、锅塌豆腐、锅塌黄鱼等都是鲁菜的传统名菜，也是鉴定厨师基本技能的必选菜品。

## 主要用料

　　皇席菜 200 克、鸡蛋液 200 克、大葱 10 克、姜 5 克、盐 5 克、味精 2 克、豆油 50 克、料酒 5 克、高汤 300 克、香油 2 克。

## 制作过程

1.将皇席菜洗净，用开水焯水，捞出过凉，浸泡2小时,除去咸涩味,捞出皇席菜,挤干水分,放入盆内。

2.将葱、姜切末，放入皇席菜内，加入盐、鸡蛋液拌匀。

3.锅中加油烧热，倒入鸡蛋液和皇席菜，摊平，用小火煎至两面呈金黄色，倒出备用。

4.锅中加少量油，下入葱、姜丝爆香，加入高汤、盐、味精、料酒和皇席菜饼，用小火煨透，待汤汁约剩1/3时，淋上香油，放入盘中即可。

操作关键

1.皇席菜要浸泡，除去咸涩味。

2.在制作皇席菜蛋饼时，要防止粘锅、煳锅。

## 菜品特点

造型美观，质地软嫩，咸鲜香浓。

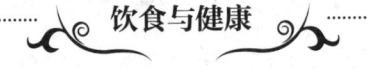

饮食与健康

皇席菜中富含膳食纤维、维生素，是一种低热量的食材，营养价值较高，有利于清热利湿、润肠通便。一般人群均可食用。

制作人：鞠增田

# 龙居皇席菜丸子

## 菜品说明

龙居丸子是东营市的地标美食，在其工艺基础上添加一定比例的皇席菜制成的龙居皇席菜丸子，味道鲜美，更具地域特色，一经推出，便受到广大食客的欢迎。目前，其已成为黄河口地区具有地方特色的伴手礼之一。

## 主要用料

皇席菜 500 克、猪后腿肉 3 千克、大葱 150 克、姜 150 克、花椒 20 克、盐 30 克、鸡蛋 300 克、淀粉 100 克、香菜末 5 克、香油 2 克、味精 3 克。

**制作过程**

1. 将皇席菜洗净，焯水后过凉，切成末。

2. 将猪后腿肉用绞肉机绞成肉泥；把葱、姜、花椒放入碗内，加入温水泡成花椒水。

3. 将猪肉泥、鸡蛋、淀粉、盐、花椒水等放入碗中，顺着一个方向搅打上劲，再加入皇席菜搅拌均匀，备用。

4. 锅中加水，将肉泥挤成直径 2 厘米的丸子，放入锅内氽熟，捞出后放入汤盆内。

5. 在原汤中加盐、味精等调味，盛入汤盆内，撒上香菜末，淋上香油即可。

操作关键

1. 猪肉泥要搅打上劲。

2. 丸子要凉水下锅，用中小火煮熟。

**菜品特点**

色泽翠绿，口感爽脆，筋道弹牙。

**饮食与健康**

猪肉与皇席菜荤素搭配、营养互补，一起食用能使人体摄入的营养物质更加全面、均衡，食用价值较高。一般人群均可食用。

制作人：盖如河

# 李焕章全家福

## 菜品说明

　　李焕章，广饶县大王镇李桥村人。他少承家学、博览群书，是当时知名的秀才。明亡后，他不复仕进，游览名山大川，专攻古文诗词。

　　李焕章酷爱美食，空闲之时专注于美食制作。李焕章全家福是将各种名贵的食用菌熬制成浓汤，再配以各种珍贵食材（海参、鲍鱼、瑶柱等）制作而成的，菜品口感醇厚、菌香浓郁、口齿留香。此菜经过重新研究制作，现已成为高档宴会上的佳肴名馔。

## 主要用料

　　水发海参10只、鲜鲍鱼10只、水发鱼翅15克、水发蹄筋15克、水发鱼肚20克、小花菇50克、羊肚菌20克、水发瑶柱20克、生粉30克、浓汤2.5千克、特制浓缩菌油100克、盐8克、鸡粉5克、5年花雕酒30克、浓缩火腿汁12克、浓缩瑶柱汁12克、蚝油12克。

**制作过程**

操作关键

1. 将各种水发食材用清水洗干净备用；鲜鲍鱼去壳、内脏、黑膜，冲洗干净。

2. 将花菇打上十字花刀，羊肚菌修剪整齐备用。

1. 水发海参等要先煨制入味。

3. 将鲍鱼放入高压锅中，加入高汤，压制 6 分钟备用；各种水发食材挤净水分，分别放入高汤里煨制 5 分钟，依次码放在炖盅内。

2. 调料味不可过重，否则会压制菌香味。

4. 将鲍鱼、花菇、羊肚菌整齐地码放在炖盅表面。

5. 取砂锅加入浓汤、特制浓缩菌油、盐、花雕酒、浓缩火腿汁和瑶柱汁、财神蚝油，烧开，用湿生粉分 3 次至 5 次打芡，分次浇入炖盅内，用保鲜膜密封，上笼大火蒸制 30 分钟，撕去保鲜膜盖上盅盖上桌即可。

**菜品特点**

色泽红润，菌香浓郁，滋味香醇。

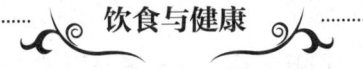

饮食与健康

李焕章全家福营养价值极高，含有丰富的氨基酸、脂肪、无机盐和维生素等，有利于滋补五脏、强身健体、益智健脑、美容养颜、提高免疫力。食用菌与海参、鲍鱼等食材搭配，营养互补，营养价值和食用价值大大提升。一般人群均可食用，建议康复期病人和老年人经常食用。

制作人：盖如河

# 海鲜狮子头

## 菜品说明

渤海湾渔业资源丰富，不乏品种优良的海产品，如对虾、海鲈鱼、海米、螃蟹等。将这些食材采用狮子头的制作方法制成的海鲜狮子头，色泽红润、咸鲜醇厚、回味无穷，是一道具有渤海湾特色的佳肴。

## 主要用料

鲈鱼肉 500 克、猪五花肉 300 克、渤海虾仁 100 克、海米 20 克、蟹肉（蟹腿棒）100 克、马蹄 150 克、鸡蛋 5 个、大葱 20 克、姜 20 克、葱油 100 克、盐 15 克、湿淀粉 100 克、胡椒粉 2 克、花生油 1.5 千克、白糖 3 克、花椒 3 克、鸡精 8 克、蚝油 20 克、高汤 1 千克。

## 制作过程

1.将鲈鱼肉、猪五花肉洗净沥水，改刀成 1 厘米粗的条；海米用温水浸泡回软；虾仁洗净，蟹肉去皮，备用。

2. 将大葱、姜去皮洗净，拍松后放入清水中，加入盐、花椒制成花椒水；马蹄拍松剁成细末；鸡蛋去壳打散备用。

3. 将鱼肉、五花肉、蟹肉、虾仁、海米放入料理机中，搅打成粗泥，分 3 次加入花椒水，摔打起胶后加入马蹄末、鸡蛋液、湿淀粉、胡椒粉、盐、鸡精、葱油，继续摔打起劲，做成 500 克 / 个的大狮子头。

4. 起锅加入花生油，加热至七成热，将狮子头挂上鸡蛋液入锅炸制 3—4 分钟，待狮子头色泽金黄且表皮凝固时捞起沥油备用。

5. 在高汤中加入盐、鸡精、蚝油、白糖调和口味，放入炸好的狮子头，大火蒸制 2 小时。

6. 取出狮子头，原汤调节口味后放入砂锅或者专用器皿中即可。

**操作关键**

1. 鱼肉、五花肉不要搅打得太细，要反复摔打上劲。

2. 狮子头的味道不可过重，要做到汤清味鲜。

3. 上菜时可搭配用明火加热的器具。

## 菜品特点

色泽红润，咸鲜醇香，回味无穷。

### 饮食与健康

鱼肉、鲜虾中含有丰富的蛋白质，钾、碘、镁等微量元素，以及维生素 A，有利于强身健体。猪肉有利于滋阴补肾、益气补血、健脾和胃、排毒养颜、促进新陈代谢、预防衰老、延年益寿。经过长时间的煨制，食材软嫩，易被人体消化。一般人群均可食用，青少年、老年人建议经常食用，但尿酸高者及痛风患者要少食。

制作人：刘海峰

# 清汤活海参

## 菜品说明

随着海参养殖技术的普及与推广，吃活海参成为一种时尚。除去活海参的咸腥气味，并保持其清脆爽口的口感是清汤活海参的制作关键。清汤活海参，清汤鲜美、海参鲜脆，营养价值高。

## 主要用料

老母鸡3只、猪瘦肉2.5千克、猪骨头5千克、鲜鸡腿肉2.5千克、鲜鸡脯肉2.5千克、大葱500克、姜500克、活海参10只、熟鸽蛋10个、油菜心10棵、盐5克、花椒5克、白糖80克、料酒60克。

## 制作过程

1.将老母鸡洗净，剁成大块；猪瘦肉切成大块；猪骨头、鸡块、猪肉块分别焯水，洗净。

2.在锅内加入纯净水，放入猪骨头、鸡块、猪肉块、大葱、姜、料酒，大火烧开，打去浮沫，转微火加热，保持汤面微开状态，煮制3小时，关火晾凉，取出汤液,除去表面的浮油和汤内的杂质,得到基础鲜汤。

3.将鲜鸡腿肉剁成肉泥,加入大葱、姜、花椒、料酒和适量的基础鲜汤,调和成稀饭状,即行业上所称的"红哨";将鲜鸡脯肉剁成肉泥,加入大葱、姜、花椒、料酒和适量的基础鲜汤调和成稀饭状,即行业上所称的"白哨"。

4.将剩余的基础鲜汤倒入汤桶内,先加入"红哨",中火加热,并不断搅动,防止煳底,待鸡腿肉泥浮在汤表面时,转微火,使锅中保持微沸状态约20分钟,然后用密漏捞出汤内的悬浮物;用同样的方法处理"白哨",即得到清澈鲜美的清汤。

5.将活海参用剪刀剪开腹部,取出内脏,洗净;改刀成连体一字状,加入白糖、料酒反复抓洗5分钟,再用水冲洗干净,除尽海参的咸腥味。

6.锅中加水、姜片、料酒、花椒烧开,放入海参,用开水快速焯烫一下,捞出后放入冰水中浸泡30分钟;将油菜心焯水,过凉。

7.将海参、鸽蛋、油菜心放入炖盅内。

8.将清汤烧开,加盐调味,冲入炖盅内即可。

**操作关键**

1.煮汤时要用纯净水,且火力不能过大,确保汤汁清澈。

2.海参要除去咸腥味。

3.烫海参时要注意火候。

## 菜品特点

汤汁清澈,味道鲜醇,口感爽脆。

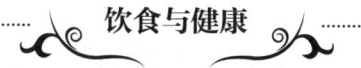

### 饮食与健康

海参种类较多,以野生的刺参为上品。鸡肉清汤味道鲜醇,含有多种氨基酸,有利于促进生长发育、舒筋活血、延年益寿。海参与鸡肉同食,提高了菜肴的营养价值与养生功效,非常适合体质虚弱、产后恢复及免疫力低下者食用。但活海参肉质紧实,较难被人体消化吸收,因此,一次不可食用过多。

制作人:耿冠军

# 富贵鱼头

## 菜品说明

富贵鱼头打破了传统菜肴的制作模式，将多种高档食材和鱼头一起烹制。此菜采用红焖的方法，经过长时间的慢火焖制而成。菜肴质感软烂、汤汁浓稠，滋味浓厚、色泽红润，食材丰富、高档大气，非常适合宴会接待使用。

## 主要用料

花鲢鱼头 1 个（约 1.5 千克）、海参 10 只、鲍鱼 10 只、鱼丸 10 个、上海青菜心 12 棵、海虾 10 只、黄豆酱 20 克、老抽 10 克、生抽 10 克、盐 6 克、八角 5 克、花椒 5 克、大葱 30 克、姜 30 克、高汤 2 千克、花生油 50 克、猪油 50 克。

## 制作过程

1. 将花鲢鱼头去鳃，去鳞，洗净。

2. 将菜心过水，加盐、油拌匀。

3. 将鱼头放入八成热的油中炸至表面呈金黄色。

4. 锅内放入花生油、猪油、大葱、姜、花椒、八角、黄豆酱炒香，再放入高汤、老抽、生抽、鱼头，大火烧开，小火焖至鱼头成熟，捞出，放入盘内，余汁过滤备用。

5. 余汁内放入海参、鲍鱼、虾、鱼丸等，小火煨透，捞出，依次摆在鱼头上面。

6. 用湿淀粉勾芡，淋上明油，浇在鱼头上面，再用菜心点缀即可。

**操作关键**

1. 焖鱼时要注意火候。

2. 焖鱼头的汁要留得多一些。

## 菜品特点

造型美观，酱香浓郁。

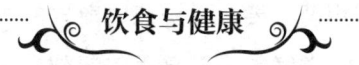

### 饮食与健康

富贵鱼头食材丰富多样、滋味浓厚，富含蛋白质、脂肪、无机盐等营养成分。花鲢鱼的脑中含有人体所需的不饱和脂肪酸，有利于抗氧化、抗衰老、益智健脑、促进生长发育。鱼头与海参、鲍鱼、大虾、鱼丸等多种食材组合在一起食用，大大提升了菜肴的食用价值和养生功效。

制作人：杜涛

# 砂锅鲽鱼头

## 菜品说明

经过腌制，再利用葱、姜、蒜受热时散发的蒸气和香味把鲽鱼头熏至成熟，使菜品不仅味道鲜美，而且香气浓郁。特别是采用石锅烹制，由于受热均匀，散热缓慢，香气能维持得更加持久。

## 主要用料

鲽鱼头 1.5 千克、蒜子 300 克、葱头 200 克、姜片 100 克、小葱末 5 克、葱油 40 克、美极鲜酱油 100 克、蚝油 50 克、白糖 20 克、料酒 20 克、海鲜酱 15 克、胡椒粉 3 克、冰糖老抽 5 克、味精 5 克。

## 制作过程

1.将鲽鱼头自然解冻，去鳃，去黑膜，冲洗干净，一片为二。

2.将美极鲜酱油、蚝油、白糖、料酒、海鲜酱、胡椒粉、老抽、味精等调味料放入盆内，搅拌均匀，混合成鱼头汁，涂抹在鲽鱼头表面，腌制30分钟。

3.在砂锅中加入葱油，先在锅底铺上蒜子、葱头、姜片，再将腌好的鱼头整齐地摆放在上面，盖上锅盖。

4.将砂锅放在煲仔炉上慢火加热25分钟，待成熟后撒在小葱末即可。

操作关键

要注意火候，用慢火加热。

## 菜品特点

软糯鲜香，味甘爽滑，香气浓郁，唇齿留香。

⊹⊱ 饮食与健康 ⊰⊹

鲽鱼头肉质细嫩、色泽洁白、骨骼柔软、味道鲜美，富含蛋白质、脂肪、维生素A、维生素D、钙、磷、钾等营养元素，因不饱和脂肪酸含量较高，被誉为食品中的"软黄金"，有利于提神醒脑、增强记忆力、延缓衰老，非常适合老年人和儿童食用。

制作人：张维杰

烤鲽鱼尾

## 菜品说明

　　鲽鱼属于深海鱼类，蛋白质和脂肪含量较高，不仅肉质鲜嫩、色泽洁白，而且具有独特的香气。其中，鲽鱼尾质地软嫩、口感细滑、胶质丰富，深受顾客喜爱。目前，市场上出售的鲽鱼有整条的和分割的两种。

## 主要用料

　　鲽鱼尾 10 块、大葱段 20 克、姜片 20 克、甜面酱 10 克、海鲜酱 20 克、番茄沙司 50 克、蚝油 5 克、排骨酱 10 克、盐 5 克、圆葱丝 100 克。

## 制作过程

1. 将鲽鱼尾撕去外皮，加盐、大葱段、姜片腌制。

2. 将甜面酱、海鲜酱、番茄沙司、蚝油、排骨酱等调料混合在一起，制成酱汁。

3. 在鲽鱼尾上均匀地抹上酱汁。

4. 烤盘内先放上圆葱丝，再摆上鲽鱼尾，用170摄氏度的炉温烤熟即可。

操作关键

1. 要提前腌制，更利于入味。

2. 烤制时温度不要过高，以免烤糊。

## 菜品特点

色泽红润，鱼肉鲜嫩。

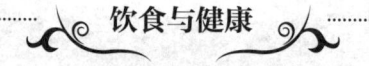

### 饮食与健康

鲽鱼尾质地细嫩、味道鲜美，富含蛋白质、脂肪和多种维生素。其中的胶原蛋白，有利于护肤养颜；不饱和脂肪酸有利于抗氧化、抗衰老、益智健脑、促进生长发育。烤鲽鱼尾易被人体消化吸收，非常适合老年人、儿童、孕妇食用。

制作人：潘常昌

# 菠菜小鱼汤

## 菜品说明

　　黄河口地区河流纵横，沼泽湖泊众多，鱼类资源十分丰富。有些黄河口人特别喜欢吃小鱼，如醋烹小鲫鱼、干煎小鲢子、干炸小麦穗鱼、菠菜小鱼汤等。因为小鱼个体小、骨刺细软，经油炸或干煎后，吃不出刺，非常适合老年人和孩子食用。

## 主要用料

　　小杂鱼 200 克、菠菜 150 克、大葱末 15 克、姜末 15 克、蒜末 15 克、香醋 30 克、胡椒粉 5 克、生抽 10 克、干辣椒 15 克、盐 5 克、面粉 50 克、味精 2 克。

## 制作过程

1. 将小杂鱼除去内脏，洗净，加大葱末、姜末、盐腌制。

2. 将菠菜洗净，切成寸段，焯水，过凉备用。

3. 将小杂鱼撒上面粉拌匀，放入油锅内炸至表面呈金黄色，捞出。

4. 锅内放入干辣椒炒香，捞出，放大葱末、姜末、蒜末炒香，烹入生抽，加入水、胡椒粉、香醋、味精、盐和炸好的小鱼炖 1 分钟，最后放入菠菜烧开，倒入汤盆内即可。

操作关键

1. 胡椒粉要最后再放。

2. 菠菜要焯水，去除草酸，以防涩口。

## 菜品特点

咸鲜酸辣，开胃爽口，醋香浓郁。

### 饮食与健康

菠菜中富含膳食纤维、叶酸、胡萝卜素、维生素C、维生素K、铁、钙等营养成分，有利于滋阴平肝、补血止血、润肠通便、排毒养颜、助消化。鱼是低脂肪、高蛋白食材，有利于益智健脑、促进骨骼发育、提高免疫力、保护视力。二者一起食用，荤素搭配、营养全面，且易被人体消化吸收，非常适合儿童、老年人食用。

制作人：沈金文

# 嘎鱼烧豆腐

## 菜品说明

　　黄河口地区淡水资源丰富，天然的黄河水成就了品质优良的野生鱼类。市场上常见的鱼类有黄河刀鱼、黄河鲤鱼、鳜鱼、嘎鱼、银鱼、草鱼、鲢鱼、鲶鱼等。其中嘎鱼因肉质鲜嫩、无乱刺，深受人们喜爱。常见的吃法有清蒸、清炖、干炸、红烧、酱焖、醋焖等。

## 主要用料

　　活嘎鱼10条（约1.5千克）、豆腐300克、大豆油50克、猪油30克、大葱15克、姜15克、蒜25克、老抽5克、生抽15克、盐5克、黄豆酱20克、干辣椒段3克、香菜1克、八角2克、花椒2克、淀粉30克、香菜末10克、香油5克。

## 制作过程

1. 将活嘎鱼宰杀，洗净。

2. 将豆腐切成 6 厘米长、3 厘米宽、1 厘米厚的片；大葱、姜、蒜切片。

3. 锅内放油、八角、花椒、干辣椒段、大葱片、姜片、蒜片炒出香味，再放入黄豆酱炒香，加水烧开，放入嘎鱼、豆腐及各种调料，大火烧开，转中小火烧 15 分钟，最后用大火收汁，待汤汁约剩 1/3 时用湿淀粉勾芡，淋上香油，装盘。

4. 撒上香菜末、蒜末即可。

**操作关键**

1. 在加热时，可将嘎鱼用竹网夹住，这样鱼肉不易破碎。

2. 大火烧开，中小火收汁。

## 菜品特点

鲜嫩可口，酱香浓郁。

### 饮食与健康

嘎鱼中富含蛋白质，有利于提高免疫力、促进生长发育。豆腐有利于补气益中、健脑益智、排毒养颜、延缓衰老。用嘎鱼与豆腐做成的菜品，滋味丰富，易被人体消化吸收，营养价值和食用价值较高。非常适合儿童、妇女、老年人食用，但尿酸高者及痛风患者要少食。

制作人：顾吉平

# 风味马口鱼

## 菜品说明

　　马口鱼也被称为毛扣鱼、黄鲫鱼、黄尖子等。渤海湾出产的马口鱼色泽银白、肉质细嫩、脂肪丰富、质量上乘。目前，市场上出售的有鲜马口鱼、咸马口鱼干及熟马口鱼等。马口鱼体内分布着许多细软的骨刺，因此，黄河口人喜欢用煎炸的方法来制作马口鱼，一来可以激发出鱼的香气，二来可以使鱼刺变得酥脆，更方便食用。

### 主要用料

　　马口鱼1千克、盐20克、味精5克、白糖5克、十三香10克、玉米饼500克、色拉油1千克。

## 制作过程

1.将马口鱼去鳃，去除内脏，洗净，控水，加入盐、味精、十三香等调料拌匀，放入冰箱，冷藏腌制2小时，取出，洗去表面杂质，置于阴凉通风处，晾晒8小时。

2.锅中加入色拉油，油温七成热时下入马口鱼，炸1分钟捞出，待油温升至八成热时进行复炸，鱼的表面呈金黄色时捞出，控净油，摆入盘内。

3.配上玉米饼一起食用。

## 菜品特点

色泽金黄，肉质紧实，外皮酥香，咸鲜味美。

操作关键

1. 马口鱼要放在通风、阴凉处晾晒，至六七成干即可。

2. 油温要控制好，防止炸干、炸煳。

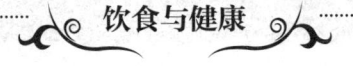

## 饮食与健康

马口鱼中含有丰富的蛋白质、脂肪、钙、铁、磷、维生素等营养成分，有利于益智健脑、强筋健骨、促进生长发育、提高免疫力。马口鱼富含脂肪，在晾晒过程中会有黄色的油脂渗出，要防止阳光照射，避免脂肪酸败，而影响身体健康。

制作人：刘帅

# 黄河古道鲜鱼汤

## 菜品说明

　　黄河古道鲜鱼汤以野生鲫鱼为主要食材，配以其他杂鱼大火熬制而成，汤色浓白、味道鲜美，是黄河口人喜欢的家乡味道。不同的鱼类，鲜味也不同。将几种鱼混合在一起烹饪，不仅鲜味互补，而且香气独特、口感多样。

## 主要用料

　　鲫鱼 500 克、草鱼 500 克、黑鱼 500 克、盐 16 克、味精 3 克、胡椒粉 1.5 克、香菜末 10 克、大葱 20 克、姜 15 克、蒜末 10 克、花椒 1 克、熟豆油 50 克、猪油 50 克、香油 5 克。

## 制作过程

1.将各种鱼宰杀，洗净，控干水分。

2.锅内加油，下入花椒、八角、大葱、姜煸香，再放入鱼煎制，待两面呈金黄色时加入开水，用中火炖15分钟，加盐、味精，再炖5分钟。

3.待鱼汤雪白浓稠时出锅，放入胡椒粉，撒上香菜末、蒜末，淋上香油即可。

## 菜品特点

色泽浓白，味道鲜香，鱼肉鲜嫩。

操作关键

1. 要除尽鱼腹内部的黑膜和脊骨边的淤血。

2. 鱼要煎至两面微黄，要加开水，用大火炖。

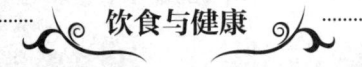

**饮食与健康**

鱼汤有利于健脾和胃、利水除湿、通经消肿、恢复体质。鱼肉中含有丰富的蛋白质，是优质蛋白的重要来源，且肉质鲜嫩，易被人体消化吸收。一般人群均可食用。

制作人：赵全军

# 河丰炒鱼

## 菜品说明

　　河丰炒鱼是河丰园酒店的一道特色菜，自推出以来，一直受到人们的喜爱。制作此菜时，必须用活鱼制作，这是保证菜品口感和鲜味的基础；还要准确把握加热火候，确保鱼肉细嫩。

## 主要用料

　　活草鱼 1.5 千克、盐 5 克、味精 5 克、鸡精 5 克、料酒 5 克、自制酱100 克、高汤 800 克、大葱 20 克、香菜段 20 克、姜 20 克、蒜 15 克、干辣椒段 3 克、花生油 100 克。

## 制作过程

1. 将活鱼宰杀，洗净，切成 2.5 厘米大小的块。

2. 锅中放油，下入大葱、姜、蒜、干辣椒爆锅，再下入自制酱、料酒炒香，放入鱼块翻炒均匀，加入高汤、盐、味精、鸡精等调味，大火烧开，转中火焖7 分钟。

3. 大火收浓汤汁，撒上香菜段即可。

操作关键

要把调味料爆香。

## 菜品特点

酱香浓郁，色泽红亮，咸鲜味美。

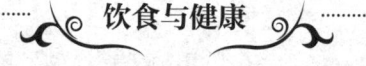

**饮食与健康**

草鱼中含有丰富的蛋白质、维生素B、烟酸、不饱和脂肪酸、钙、磷、钾、锌、硒等营养成分。草鱼中所含的硒元素，有利于美容养颜、延缓衰老。适于体质虚弱、胃口不佳者食用。

制作人：冯建军

# 烧芦花鲫鱼

## 菜品说明

　　黄河入海口有广阔的湿地生态系统，随处可见起伏如潮的芦苇，使人不禁想起"蒹葭苍苍，白露为霜。所谓伊人，在水一方"的诗句。尤其是到了冬季，芦絮飘扬，宛如雪花飞舞。清风拂面，水波荡漾，鲫鱼恰逢肉嫩鲜美之时。

　　在 20 世纪末，胜利宾馆结合黄河口风景，以芦苇荡里的野生鲫鱼为原料，紧扣黄河口饮食文化脉络，创新推出了烧芦花鲫鱼这道美食。如今，烧芦花鲫鱼已成为黄河口地方名菜。

## 主要用料

　　鲫鱼 6 条（约 1.2 千克）、甜面酱 100 克、清油 2 千克、白糖 80 克、盐 5 克、陈醋 200 克、老抽 3 克、味精 3 克、五花肉 100 克、八角 5 粒、面粉 100 克、鸡蛋液 100 克。

## 制作过程

1. 将鲫鱼去鳞、去鳃，去除内脏，洗净。

2. 在鱼身上打上一字花刀，拍上面粉，再沾上鸡蛋液，放入油锅中炸至表面呈金黄色，捞出备用。

3. 先把五花肉煸炒出香味，再放入八角、甜面酱炒香，烹入陈醋，加入清水、鲫鱼，用白糖、盐、味精等调味，大火烧开，中小火焖 1 小时即可。

操作
关键

1. 拍粉用面粉，汤汁才能浓稠。

2. 调味后，可二次调味，使鲫鱼更加入味、酥香。

## 菜品特点

色泽酱红，质地酥烂，酸甜适中。

❧ 饮食与健康 ❧

鲫鱼中富含蛋白质、钙、维生素等营养成分，有利于健脾和胃、利水除湿、通经消肿。

制作人：王金刚

# 水煎寨花鱼

## 菜品说明

　　水煎是黄河口地区的渔民常用的一种烹饪方法，多用于制作鱼类菜肴。水煎是将原料煎或炸后，烹入食醋，再加入酱油、糖等调料。用水煎的方法做成的菜品咸鲜酸甜、滋味醇厚。鲈鱼，又被称为花鲈、寨花、鲈板、鲈子等，人们习惯把不足半斤的鱼称为寨花鱼。寨花鱼味道鲜美，肉质细嫩而有弹性，呈蒜瓣状，适合煎、炸、蒸、熬、烧、焖、炖等多种烹调方法。

## 主要用料

　　寨花鱼 750 克、面粉 100 克、大葱末 20 克、姜末 20 克、蒜末 10 克、香菜末 10 克、香醋 30 克、白糖 20 克、生抽 15 克、鸡精 3 克、盐 2 克、花生油 100 克。

**制作过程**

1.将寨花鱼去鳞、鳃、内脏，洗净，打上柳叶花刀，拍上面粉，备用。

2.锅内放入花生油，烧至七成热，放入寨花鱼，煎至两面呈金黄色，取出。

3.锅内留底油，放入大葱末、姜末爆香，烹入香醋、生抽，放入寨花鱼，倒入开水，没过鱼身，加入盐、鸡精、白糖，大火加热7分钟，待汤汁收浓后，倒入盘内，撒上香菜末、蒜末即可。

操作关键

1.寨花鱼要新鲜。

2.烹醋时要透出香味。

**菜品特点**

色泽浅红，咸鲜酸甜，质地鲜嫩。

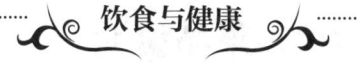

**饮食与健康**

鲈鱼中富含蛋白质、脂肪、碳水化合物、维生素B、烟酸、磷、铁等营养元素，有利于补肝肾、益脾胃、益筋骨。

制作人：朱振波

# 渤海鱼锅

## 菜品说明

　　渤海鱼锅以渤海湾出产的各种鱼类为主要食材，采用焖鱼锅的方法制作而成，不仅食材丰富多样，而且鱼肉鲜嫩、滋味浓厚、酱香浓郁。渤海鱼锅是东营餐饮业常制作的菜品，也是黄河口人喜爱的菜品之一。

### 主要用料

　　海鲈鱼 250 克、中黄花鱼 250 克、鲅鱼 250 克、活嘎鱼 250 克、豆腐 250 克、大虾 100 克、大葱段 30 克、姜片 20 克、香菜段 5 克、面酱 50 克、八角 2 克、料酒 50 克、辣椒酱 30 克、生抽 50 克、香醋 20 克、盐 5 克、味精 3 克、鸡粉 6 克、胡椒粉 2 克、花生油 150 克。

**制作过程**

1.将各种鱼宰杀，处理干净，打上一字花刀；豆腐切成2厘米大小的块，备用。

2.锅中加入花生油，下入八角、姜片、大葱段爆香，再加入面酱、辣椒酱炒香。

3.锅中放入各种鱼和大虾略煎，加入生抽、香醋、料酒、胡椒粉、水、豆腐，大火烧开，转小火焖煮15分钟，放入味精、鸡粉，大火收汁，待汤汁黏稠时撒上香菜段即可。

操作关键

1.要选用鲜鱼。

2.爆锅、炒酱时要炒出香味。

**菜品特点**

色泽红润，质地软嫩，酱香浓郁，咸鲜味美。

**饮食与健康**

鱼肉中含有蛋白质、叶酸、维生素、铁、钙、磷等营养成分，营养价值较高，有利于滋补健胃、利水消肿、通乳、清热解毒、止嗽下气、健脑益智等。鱼肉质地鲜嫩，易被人体消化吸收，是公认的健康食材。

制作人：李帅帅

# 咕嘟虾酱

## 菜品说明

虾酱是黄河口地区的特产之一，尤其是经过发酵的蜢子虾酱，因腥味小、鲜味足、香气浓，而受人们青睐。虾酱的含盐量较高，因此，常作为调味剂与其他食材搭配食用，如大葱、鸡蛋、豆腐、粉条、辣椒等。

### 主要用料

豆腐 500 克、五花肉粒 50 克、蜢子虾酱 50 克、葱花 50 克、姜末 20 克、蒜末 10 克、干辣椒丁 3 克、料酒 15 克、生抽 5 克、水淀粉 10 克、小葱粒 20 克、盐 6 克、花生油 50 克。

## 制作过程

1.将豆腐切成 1.5 厘米大小的块，放入锅中，加入水、盐，煮至浮起，捞出沥干水分，备用。

2.锅中加入花生油，下入五花肉粒煸出油脂，下入葱花、姜末、蒜末、干辣椒丁炒香，再放入虾酱炒出鲜香味，下入豆腐，烹入料酒、生抽，加入热水，用小火煮 5 分钟，待豆腐入味后，大火收汁，待汁水约剩 1/3 一时，用水淀粉勾芡，翻匀，撒上小葱粒出锅即可。

**操作关键**

1.豆腐提前焯水，可以去除豆腥味，并增加嫩滑度。

2.虾酱要煸炒出鲜香味。

## 菜品特点

色泽美观，质地软嫩，鲜香微辣，虾酱味浓。

### 饮食与健康

虾酱中富含蛋白质、钙、铁、硒、维生素 A 等营养元素。虾酱中还有虾青素，这是一种抗氧化剂，有利于抗衰老的作用。咕嘟虾酱在制作时添加了豆腐，不仅降低了虾酱的咸度，还增加了蛋白质和钙的含量。但虾酱的盐量和胆固醇含量较高，因此，"三高"人群要少食。

制作人：王涛

# 功夫黄花鱼

## 菜品说明

　　在功夫黄花鱼这道菜品中，砂锅既是加热的器具，又是上桌的餐具。其充分利用了砂锅受热均匀、散热缓慢的特性，采用了生焗和熏蒸的制作方法，因此，鱼肉鲜嫩、蒜香浓郁、香气持久。

## 主要用料

　　大黄花鱼 1 条（约 900 克）、蒜子 300 克、姜片 100 克、圆葱头 60 克、蚝油 10 克、盐 8 克、味精 2 克、鸡精 6 克、料酒 10 克、蒜末 200 克、胡椒粉 1 克、花生油 50 克。

## 制作过程

1.将黄花鱼宰杀，洗净，切下头、尾，沿着脊骨剔下鱼肉，切成2.5厘米宽的条，加入盐、味精、料酒、胡椒粉腌制入味。

2.将蒜末用水洗去黏液，挤干水分，备用。

3.在锅中放入花生油，烧至五成热，下入一半的蒜末，炸至呈金黄色时捞出，放入盆内；将另一半蒜末也放入盆内，然后加盐、味精、鸡精、蚝油翻拌均匀；最后浇上炸蒜的热油，搅拌均匀，制成金银蒜酱。

4.在砂锅内加入炸蒜的油，放入圆葱头、姜片、蒜子煸出香味，铺上一张竹篦子，再将鱼头、鱼尾、鱼块摆在上面，盖上锅盖，用中火加热7分钟，掀开锅盖，把金银蒜酱浇在鱼块上，盖上锅盖，加热2分即可。

**操作关键**

1. 鱼块要提前腌制入味。
2. 蒜末不要炸得太久，否则味苦。

## 菜品特点

造型美观，味道咸鲜，质地软嫩，蒜香浓郁。

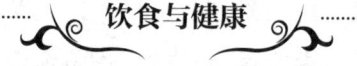

**饮食与健康**

黄花鱼性平、味甘，含有优质蛋白、无机盐、脂肪、维生素B、烟酸、钙、磷、铁、钾、碘等营养成分，有利于开胃健脾、益气填精、安神止痢。适于体质虚弱、消化功能差的中老年人和儿童食用。

制作人：丁志国

# 糊涂泥鳅

## 菜品说明

　　泥鳅又被称为地龙，具有很好的滋补作用。黄河口地区水泽地带较多，泥鳅品质优良。用泥鳅作为食材的常见菜品有泥鳅炖豆腐、香辣泥鳅、糊涂泥鳅等。糊涂泥鳅又被叫作黄焖泥鳅，肉质细腻脱骨，汤鲜味美，是地地道道的黄河口风味菜肴。

## 主要用料

　　活泥鳅 500 克、面粉 300 克、鸡蛋 2 个、西红柿 200 克、大葱 10 克、姜 6 克、胡椒粉 1 克、陈醋 30 克、香醋 50 克、八角 3 粒、白糖 2 克、盐 30 克、味精 2 克、猪油 20 克、葱油 20 克、熟大豆油 1 千克、香菜 5 克、蒜子 15 克、料酒 15 克。

## 制作过程

1. 将活泥鳅宰杀，去头、内脏，用盐反复搓洗，再加入面粉继续揉搓，清水冲洗干净以去掉黏液，放入盐、料酒，腌制备用。

2. 将西红柿洗净，放入开水中烫一下，去掉外皮，切成 3 厘米大小的滚刀块；大葱、姜去皮，切成马蹄片；蒜子 10 克拍松、5 克切成细末；香菜择洗干净，切成细末。

3. 将陈醋、香醋混合均匀；鸡蛋去壳打散备用。

4. 起锅加入大豆油，加热至六成热，泥鳅拍粉拖蛋放入油中炸至呈金黄色，沥油备用。

5. 起锅加入猪油、葱油，下入八角、葱片、姜片、蒜子煸炒，放入西红柿块继续煸炒至酥烂，烹入调和醋、料酒，加入开水，大火烧开，打净浮沫，加入各种调味料调和口味，倒入高压锅中加盖压制 30 分钟，倒入锅内。

6. 中火烧开，再次微调口味，加入蒜末、香菜末出锅即可。

**操作关键**

1. 泥鳅一定要去净黏液。

2. 高压锅压制的时间不能太短，否则影响口感。

3. 调味料用量要准确。

## 菜品特点

色泽红润，咸鲜微酸，肉质细腻酥烂。

**饮食与健康**

泥鳅有利于增进食欲、促进消化、提高人体免疫力。一般人群均可食用，但尿酸高者及痛风患者要少食。

制作人：焦圣先

# 红烧嘎鱼

## 菜品说明

　　红烧嘎鱼是黄河口地区的特色名菜之一，色泽红润、鱼肉细腻鲜美，有显著的地方特色风味，深受食客的青睐。黄河口人接待外来贵客，往往要吃一回红烧嘎鱼。

## 主要用料

　　嘎鱼 1 千克、熟大豆油 20 克、猪油 30 克、蒜 5 克、姜 5 克、大葱 6 克、香菜 5 克、老抽 3 克、生抽 30 克、香醋 5 克、八角 2 粒、花椒 2 克、干辣椒 2 克、黄豆酱 20 克、郫县豆瓣酱 20 克、味精 1 克、白糖 15 克、胡椒粉 1 克。

**制作过程**

1. 将嘎鱼去掉内脏、鱼鳃、腹内黑膜，加盐搓洗干净，打上间距 1 厘米的柳叶花刀；大葱、姜、蒜去皮洗净，切成 0.5 厘米大小的料花，香菜择洗干净，切成细末；干辣椒用清水浸泡回软，挤干水分，切成 0.5 厘米大小的丁。

2. 将郫县豆瓣酱剁成细末备用。

3. 起锅加入大豆油、猪油，加热至七成热，放入八角、花椒、干辣椒丁爆出香味，下入黄豆酱、郫县豆瓣酱炒出红油，放入葱、姜、蒜料花继续炒出香味，放入嘎鱼翻炒，嘎鱼肉收缩后加入开水。

4. 大火烧开，打净浮沫，加入老抽、生抽、白糖、香醋、胡椒粉，转中火加热 20 分钟，转大火将汤汁收浓，撒上香菜末即可。

操作关键

1. 要选用新鲜的嘎鱼，当天活杀的最好。

2. 酱汁要炒透，爆出香味。

3. 大火收汁时汤汁不可收得太干。

**菜品特点**

色泽红润，咸鲜微甜，肉质细嫩鲜美。

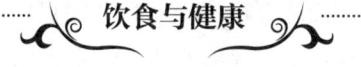

饮食与健康

嘎鱼中富含蛋白质，有利于维持钾钠平衡、提高免疫力、帮助生长发育。嘎鱼肉质细腻鲜美，一般人群均可食用，尤其适合老年人食用。

制作人：赵全军

果木烤乳鸽

## 菜品说明

　　果木烤乳鸽，早在 20 世纪 90 年代便在黄河口地区流行，历经 30 余年而不衰，成为继史口烧鸡之后又一道地方名吃。黄河口人喜欢吃鸽子，在黄河口地区，不仅有专营鸽子的酒楼，还有加工、销售鸽子产品的商家。其中烤乳鸽、茶香乳鸽、香熏乳鸽、脆皮乳鸽、椒麻鸽子、烧鸽子、清炖鸽子、盐水鸽等都是黄河口地区常见的菜品。

## 主要用料

　　活乳鸽 10 只、腌制料汁 300 克、大葱段 100 克、姜片 100 克、酱料 100 克、葱油 20 克、香油 5 克。

　　腌制料汁配方：大葱 150 克、姜 100 克、味精 30 克、鸡粉 50 克、料酒 100 克、酱油 100 克。

　　酱料配方：蚝油 20 克、柱侯酱 10 克、鸡汁 10 克、味精 4 克、鸡粉 4 克、盐 4 克。

## 制作过程

1. 将鸽子宰杀后去皮，取出内脏，用剪刀剪去脚、翅膀、脖子，冲洗干净，控水，备用。

2. 将鸽子放入腌制料汁中，加入大葱段、姜片，腌制1小时。

3. 将鸽子置于炭烤炉上，用木炭烤制40分钟，在烤制过程中，刷酱料、葱油、香油，使其进一步上色、入味、提香。

**操作关键**

1. 要选用350克左右的活鸽子。
2. 要控制好火候，防止焦煳。

## 菜品特点

表面干爽，色泽酱红，味道鲜美，香气浓郁。

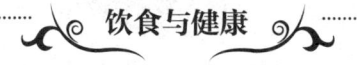

### 饮食与健康

鸽子的营养价值较高，有利于补气虚、益精血、暖腰膝、利小便，既是人们喜爱的美味佳肴，又被视为滋补佳品，民间有"一鸽顶九鸡"的说法。老年人及体质虚弱者可多食。

制作人：孙曙光

# 龙井熏乳鸽

## 菜品说明

　　熏是使某些材料在高温时产生烟雾，并黏附在食材表面，使食材上色、形成风味的一种方法。用来熏制的材料很多，如白糖、红糖、松枝、锯末、茶叶、大米等，菜品的风味特点与使用的熏制材料密切相关。

## 主要用料

　　乳鸽 10 只，大葱 30 克，姜 30 克，八角、花椒、陈皮、桂皮、小茴香、丁香、肉蔻、山奈、黄栀子、肉桂、干山楂、排草、白芷、香茅、干姜等各 2 克，盐 10 克，龙井茶 20 克，红糖 200 克。

**制作过程**

1.将乳鸽洗净，焯水，备用。

2.将各种香料包成香料包。

3.在汤桶内放入纯净水、香料包、乳鸽、盐等，大火烧开，打去浮沫，转小火焖40分钟，捞出备用。

4.在熏锅锅底放上茶叶、红糖，再放上篦子，在篦子上放上煮熟的乳鸽，盖上锅盖，加热至冒白烟，熏至呈浅红色即可。

**菜品特点**

色泽微红，质感鲜嫩，茶香味浓，风味独特。

操作关键

1.煮乳鸽时，不要放酱油，保持原色。

2.注意熏制时的火候，防止乳鸽变黑、味苦。

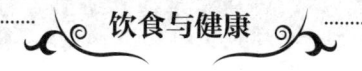

**饮食与健康**

鸽肉属于高蛋白、低脂肪食材，一直是人们十分推崇的滋补佳品。鸽子卤熟之后再经龙井茶及糖熏制，不仅色泽美观，而且茶香浓厚、诱人食欲，一般人群均可食用。

制作人：杨瑞刚

# 笨鸡炖海参

## 菜品说明

　　汤是鲁菜的灵魂，鲁菜的吊汤技艺，闻名遐迩。吊汤时，食材中的鲜味成分能最大限度地溶于水中，使汤的味道尤其鲜美。多种多样的汤，成就了海参、鱼翅、鱼肚等高档食材。笨鸡炖海参将本身无味的海参置于鲜美的鸡汤之中，诠释了"有味使其出，无味使其入"的烹饪真谛。

### 主要用料

　　净笨公鸡 1 只（约 1.5 千克）、海参 10 只、盐 5 克、花椒 2 克、料酒 10 克、大葱段 20 克、姜片 20 克、香菜末 5 克。

## 制作过程

1. 将笨公鸡洗净，剁成 3 厘米大小的块。

2. 在砂锅内加入水、鸡块，大火烧开，撇去浮沫，加入大葱段、姜片、花椒、料酒，用小火将鸡炖至熟烂，加盐调味。

3. 放入海参，小火煨制 20 分钟，倒入盛器内，撒上香菜末即可。

**操作关键**

1. 剁鸡时，将鸡背、鸡头、鸡脖挑出，另做他用。

2. 用纯净水炖鸡，味道更好。

## 菜品特点

汤鲜味美，鸡肉筋道。

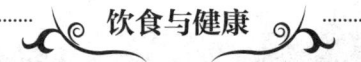

**饮食与健康**

海参性平、味咸，入肝经、肾经，有利于滋阴补肾、修补机体功能、提高免疫力、补气养血、填精补髓、美容养颜、延缓衰老，自古就被视为海中珍品。海参和笨鸡都是温补佳品，笨鸡炖海参将老鸡汤的鲜香融入原本清淡寡味的海参中，食用价值大大增加。非常适合老年人、营养不良人群和处于手术恢复期的病人食用。

制作人：李富贵

# 虎头鸡

## 菜品说明

　　虎头鸡，又被称为"糊涂鸡"，起源于广饶县大码头镇，乐安虎头鸡制作技艺入选东营市非物质文化遗产代表性项目名录。过去，虎头鸡多用大锅焖炖，具有浓郁香醇、口感酥烂、味道鲜美、上菜速度快的特点，深受人们喜爱，在婚丧嫁娶等活动中扮演着重要角色。如今，有了虎头鸡真空包装产品，其远销全国各地，成为馈赠亲友的礼品。

## 主要用料

　　小公鸡 1 只（约 1.5 千克）、盐 10 克、料酒 20 克、五香粉 5 克、酱油 20 克、鸡蛋液 150 克、花生油 1 千克、山药块 300 克、大葱段 25 克、姜片 30 克、八角 2 克、香醋 10 克、胡椒粉 2 克、香油 5 克、香菜段 5 克、面粉 230 克。

## 制作过程

1. 将小公鸡剁成 2 厘米大小的块，加盐、料酒、大葱段、姜片、五香粉、酱油腌制 20 分钟。

2. 将鸡块粘裹上面粉，再拖上鸡蛋液，放入七至八成热的油中炸至表面呈金黄色，捞出备用。

3. 锅中加水烧开，放入炸好的鸡块、盐、酱油、大葱段、姜片、八角等，大火烧开，转小火焖炖至熟烂，再放入山药块炖熟，淋上香油，撒上香菜段即可。

4. 外带香醋和胡椒粉一起上桌。

**操作关键**

1. 要选用 1 年左右散养的小公鸡。

2. 要注意焖炖火候，防止脱糊。

## 菜品特点

浓郁香醇，口感酥烂，味道鲜美。

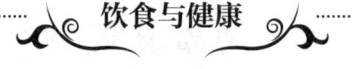

### 饮食与健康

鸡肉味道鲜美、营养丰富，含有蛋白质、脂肪、维生素，以及钙、磷、铁等多种营养成分，有利于滋补身体、增强体力、健脑益智、提高机体免疫力、增进食欲。一般人群均可食用。

制作人：吴振兴

# 黄河口炒鸡

## 菜品说明

"无鸡不成席"，道出了鸡在宴席中的作用。在黄河口地区，炒鸡是各酒店的必备菜，很多酒店都自称有独家秘方。所谓秘方，主要体现在混合油、香料包、秘制酱汁、炒鸡粉等方面。虽然秘方有所差异，但炒鸡的制作工艺和成品特点基本相似，色泽红亮、质地软烂、香气浓郁、咸鲜香辣是炒鸡的基本特征。

## 主要用料

净黑爪公鸡 1 只（约 1.5 千克）、蒜子 50 克、大葱段 50 克、青红尖椒块 100 克、花生油 50 克、八角 5 克、白芷 2 片、花椒 5 克、自制炒鸡酱 50 克、炒鸡酱油汁 60 克、干辣椒段 3 克、大葱片 15 克、姜片 10 克、花椒油 20 克。

## 制作过程

1. 将鸡剁成 3 厘米大小的块。

2. 锅内加入花生油，烧热，放入八角、花椒、白芷、大葱片、姜片、干辣椒段，炒出香味，放入鸡块，用中火煸炒至表面干爽、油脂清亮，再放入炒鸡酱、酱油汁等调料炒出香味。

3. 加入纯净水，没过鸡块，大火烧开，改中小火炖至成熟，放入蒜子、大葱段，大火收汁至黏稠，放入青红尖椒块翻炒均匀，淋入花椒油出锅即可。

## 菜品特点

色泽红亮，酱香浓郁，咸鲜微辣，肉质软烂而富有弹性。

操作关键

1. 鸡要现杀现炒，保证口感。

2. 剁好的鸡块不能焯水，要生炒。

3. 煸炒鸡块时要炒出黄油和香味，否则鸡肉有腥味。

4. 要用大火收汁，不勾芡。

---

### 饮食与健康

鸡肉性温、味甘，入脾经、胃经，有利于温中益气、补精填髓、增强体质。在中国人的饮食中，鸡肉是蛋白质和脂肪的重要来源。鸡肉不仅味道鲜美，而且易被人体消化吸收，是公认的滋补佳品，一般人群均可食用。但炒鸡口味重、刺激性较强，所以肠胃炎及皮肤病患者不要食用。

制作人：王全民

# 泉水松茸炖笨鸡

## 菜品说明

　　泉水松茸炖笨鸡选用 2 年以上的散养公鸡，加入农夫山泉矿泉水，以及云南的干松茸、竹荪、虫草花，瑶柱、金华火腿等原料，文火慢炖 2 小时以上制成，菌香四溢、鲜美异常，是一道颇具养生价值的健康菜品。

## 主要用料

　　笨鸡 1.5 千克、盐 5 克、松茸 20 克、虫草花 1 克、竹荪 5 克、瑶柱 10 克、金华火腿 10 克、大葱段 10 克、姜片 1 克、矿泉水 3 千克。

## 制作过程

1.将笨鸡冲洗干净，剁成 3 厘米大小的块，焯水，放入砂锅内，加入大葱段、姜片、矿泉水。

2.将清洗干净的松茸、虫草花、竹荪、瑶柱、金华火腿放在砂锅内。

3.将砂锅放在灶上，大火烧开，转小火炖至 2 小时即可。

操作关键

1.要用小火慢炖，保持汤汁清澈。

2.炖制过程中不要加水。

## 菜品特点

色泽金黄，味道鲜美，质感软糯，香气四溢。

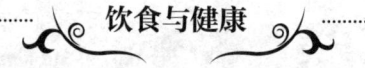

### 饮食与健康

鸡肉中含有丰富的蛋白质，有利于提高免疫力、养血补血、健脾宁心、美颜养容。松茸是名贵的药用菌种，含有多种氨基酸和微量元素，香气浓郁、滋味鲜美，有利于健脾益胃、抗炎美容、缓解衰老。

制作人：孙明海

孤岛大盘鸡

## 菜品说明

　　孤岛大盘鸡，始创于 20 世纪 90 年代。它选用肉质鲜美的白羽鸡，经煸炒、煨制、收汁等步骤烹制而成，口味咸甜香辣、回味悠长，色泽红亮、鲜艳诱人。孤岛大盘鸡是黄河口地区著名的炒鸡菜肴之一。

### 主要用料

　　净白羽鸡 1 只（约 1.7 千克）、花椒 2 克、八角 1 克、盐 10 克、鸡精 5 克、啤酒 200 克、干辣椒段 3 克、大葱段 100 克、青红辣椒片 150 克、姜片 30 克、蒜子 30 克、色拉油 160 克、白糖 50 克、酱油 25 克、土豆 200 克。

**制作过程**

1.将鸡洗净，剁成3厘米大小的块；土豆切成滚刀块。

2.锅中放入色拉油，下入花椒，炸出香味，捞出，放入白糖炒成嫩糖色，冲入开水。

3.倒入鸡块、土豆，放入姜片、干辣椒段、蒜子，加入酱油，烹入啤酒，再加入盐、鸡精，大火烧开，盖上锅盖，转小火焖25分钟，大火收汁，待汤汁浓稠时加入青红辣椒片、大葱段，翻炒均匀即可。

操作关键

1.要控制好炒糖色的火候，以免炒煳，出现苦味。

2.注意焖煮时间，防止鸡肉变老。

**菜品特点**

色泽红润，咸甜香辣，质感软烂，香气浓郁。

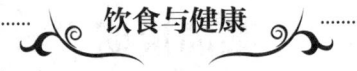

**饮食与健康**

鸡肉中含有人体必需的氨基酸，是优质蛋白的重要来源。孤岛大盘鸡食材丰富，营养价值及食用价值较高。一般人群均可食用。

制作人：孙廷梅

# 振生炒鸡

## 菜品说明

　　振生炒鸡是广饶县振生饭店的一道招牌菜。振生饭店经营十几年来，凭着一盆炒鸡，既赢得了顾客的口碑，又赢得了市场的认可。其经营秘诀就是坚守食材品质，选用最好的笨鸡，炒出鸡肉本身的味道。

## 主要用料

　　净笨鸡1只（约1.5千克）、大葱段50克、姜片30克、香料粉7克（八角1克、花椒2克、肉蔻0.5克、桂皮1克、小茴香2克、草果0.5克，以上香料混合后，磨成粉）、酱油80克、料酒20克、味精3克、鸡精2克、干辣椒5克、青红辣椒片120克、香菜段5克、花生油110克、盐5克。

**制作过程**

1. 将笨鸡剁成 3 厘米大小的块，放入开水锅中焯水，捞出洗净，备用。

2. 锅中放入花生油，烧热，下入大葱段、姜片、干辣椒炸香，放入鸡块煸炒，烹入料酒，翻炒至锅内油脂清亮时加入香料粉，炒出香味，加入酱油，翻炒均匀，加入水、盐，烧开后打去浮沫，倒入高压锅内，盖上盖，上汽后，转小火压 15 分钟，关火。

3. 将鸡块倒在炒锅内，加入味精、鸡精，大火收汁，待汤汁黏稠时放入青红辣椒片，翻炒均匀，装盘，撒上香菜段即可。

操作关键

1. 要选用 1 年半左右的笨鸡。
2. 煸炒鸡块时要炒到出油，否则香味不足。

**菜品特点**

色泽红亮，香气自然，咸鲜香辣，软烂而有弹性。

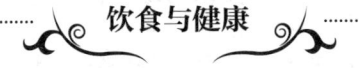

饮食与健康

鸡肉性平、温，味甘，归脾经、胃经，蛋白质含量较高，有利于温中益气、补精添髓。振生炒鸡的主要配料是辣椒，有利于开胃健脾、刺激食欲、养颜美容。一般人群均可食用。

制作人：王振生

# 吕府大锅炖大鹅

## 菜品说明

近几年，大锅炖在黄河口地区十分流行。大锅炖既出现在各酒店的菜单上，也是家庭聚餐中常做的菜品。其中，要数大锅炖鹅最受欢迎。大鹅肉质紧实有嚼劲、滋味醇香，非常适合用大锅炖的方法制作。

## 主要用料

两年以上的大鹅 1 只（约 3.5 千克）、大葱 30 克、姜 50 克、八角 3 粒、花椒 3 克、面酱 30 克、黄豆酱 20 克、生抽 50 克、啤酒 500 克、十三香 5 克、盐 3 克、鸡精 15 克、熟大豆油 80 克、猪油 30 克、土豆 200 克、芸豆 120 克、白糖 8 克、开水 3.5 千克。

## 制作过程

1. 将大鹅宰杀，掏净内脏的淤血和肺，冲洗干净后斩成 5 厘米大小的块，温水洗净沥水。

2. 将大葱去皮洗净，切成 1 厘米厚的马蹄块；姜去皮洗净，切成 0.5 厘米厚的片；土豆去皮洗净，切成 1 厘米宽的条；芸豆择洗干净，用手掰成寸段。

3. 起锅加入大豆油、猪油，烧制七成热，下入葱块、姜片、八角、花椒爆出香味，放入鹅肉急火煸炒 5 分钟，待鹅肉皮紧露骨时下入面酱、黄豆酱、十三香继续煸炒 8 分钟，加入啤酒，开锅 3 分钟后加入开水，开锅后打净浮沫，加入生抽、白糖，转小火加热 2—3 小时，加入盐、鸡精，转中火加热 20 分钟至汤汁浓稠即可。

**操作关键**

1. 将大鹅生炒出水分，再加入各种酱料煸炒至酱汁深入鹅肉，味道才能醇厚。

2. 要根据大鹅的老嫩来确定加热时间。

## 菜品特点

色泽酱红，肉质紧实酥烂，酱香浓郁。

**饮食与健康**

鹅肉营养丰富，富含多种氨基酸、维生素和微量元素，脂肪含量低，不饱和脂肪酸含量高，对人体健康非常有益，有利于滋阴益气、祛风除湿、强身健体、延缓衰老、健脾和胃、排毒养颜，一般人群均可食用，但对鹅肉过敏者不能食用。

制作人：吕海波

# 鸡汤老豆腐

## 菜品说明

　　鸡汤是传统的滋补佳品，鸡汤搭配老豆腐更是营养丰富。酒店明档的大砂锅中，淡黄色的鸡汤中翻滚着白玉般的豆腐，香气四溢、引人食欲。鸡汤老豆腐是黄河口地方菜中具有代表性的菜品。

### 主要用料

　　净老笨鸡 1 只（约 2 千克）、卤水老豆腐 750 克、姜 50 克、大葱 10 克、八角 2 粒、花椒 3 克、熟大豆油 30 克、盐 8 克、味精 3 克、胡椒粉 1 克、香菜 3 克、料酒 15 克。

**制作过程**

1.将老笨鸡洗净，斩成6厘米大小的块，沥干水分，放入大砂锅中，大火烧开，反复打净浮沫，加入姜、八角、花椒，烧开后转中火加热90分钟，加入盐，持续加热20分钟，关火，取出鸡肉（另做他用），鸡汤过滤备用。

2.将大葱、姜去皮洗净，切成2厘米大小的料花；香菜择洗干净切成细末。

3.在砂锅内加入熟大豆油，下入葱、姜料花爆锅，加入老鸡汤，大火烧开；将老豆腐用手掰成5厘米大小的块；开锅后打净浮沫，加入料酒、盐、胡椒粉调味。

4.转小火持续加热30分钟，豆腐在砂锅中浮起后，加入味精、香菜末出锅即可。

**操作关键**

1.豆腐要用手掰，不要用刀切，以保持风味。

2.放入豆腐开锅后要打净浮沫，但不能打去油花。

3.放入豆腐后加热的时间不宜太久。

**菜品特点**

汤色金黄，咸鲜醇厚，汤鲜味厚。

**饮食与健康**

豆腐与鸡汤中都富含多种氨基酸，营养价值与食用价值很高，有利于修复机体功能、提高免疫力、增进钙质吸收、美容养颜、促进生长发育、延缓衰老。老年人、妇女、儿童可多食，但痛风患者应少食。

制作人：殷雪营

# 蛋黄狮子头

## 菜品说明

　　蛋黄狮子头借鉴鲁菜的四喜丸子和淮扬菜的红烧狮子头的制作工艺，在一个大的狮子头里面包了几个咸鸭蛋黄，制作方法新颖，令食客印象深刻。

### 主要用料

　　去皮五花肉粒500克、莲藕粒150克、大葱末10克、姜末10克、盐8克、淀粉15克、鸡蛋1个、咸鸭蛋黄4个、花椒2克、八角2个、大葱段20克。

## 制作过程

1.在五花肉粒中加入盐、大葱末、姜末、莲藕粒，搅拌均匀，摔打5分钟，然后加入鸡蛋，顺着一个方向搅拌5分钟，再加入淀粉搅匀，放入冰箱冷藏30分钟。

2.将咸鸭蛋黄包裹在五花肉泥中，制成一个大狮子头，在表面粘上湿淀粉。

3.用八成热的油，把狮子头炸至表面呈金黄色。

4.将炸好的狮子头放入汤盆中，加入高汤和用加入花椒、八角的油炸好的葱段，蒸制3小时。

5.取出狮子头，放在盛器内，将原汁用湿淀粉勾芡，浇在狮子头上即可。

操作关键

1.五花肉要摔打上劲。

2.要控制好蒸制的时间，过短影响口感，过长则味道不佳。

## 菜品特点

色泽美观，咸鲜适口，质地软糯，香气浓郁。

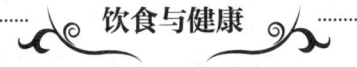

饮食与健康

咸鸭蛋黄中含有丰富的蛋白质、卵磷脂、钙、磷、铁及维生素A、B、D等。特别是卵磷脂，有利于促进生长发育和新陈代谢。猪肉和蛋黄搭配，有利于通肠润便、美容养颜、滋阴润燥、补肝益肾、强健筋骨、防止衰老。蛋黄狮子头中含有较多脂肪，因此不可多食，特别是高血脂、高血压及糖尿病患者更不宜多食。

制作人：代俊柏

# 草桥四喜丸子

## 菜品说明

　　在明清时期，草桥村为乐安县北部名镇，是水陆交汇的码头重镇。镇内店铺林立、商贾云集。在这里，有一家客栈名叫迎顺店，生意特别兴隆，他们的招牌菜是四喜丸子。其制作工序，包括切丝、腌制、称重、团团、裹粉、沾蛋液、炸制、蒸制、浇汁等。如今，草桥戴氏四喜丸子制作技艺已被纳入广饶县非物质文化遗产代表性项目名录。

### 主要用料

　　猪前腿肉 500 克、鸡蛋液 100 克、大葱丝 50 克、姜丝 20 克、蛋皮丝 10 克、香菜段 5 克、盐 6 克、料酒 10 克、五香粉 5 克、酱油 10 克、香油 5 克、淀粉 30 克、面粉 100 克、花生油实耗 80 克、味精 2 克。

**制作过程**

1. 将猪前腿肉切成 0.3 厘米粗的丝，放入盆内。

2. 在盆内加入盐、大葱丝、姜丝、料酒、淀粉、五香粉、酱油、香油抓拌均匀，腌制 1 小时。

3. 将腌好的肉丝分成 4 份，团成 4 个圆形的大丸子；先在其表面粘上面粉，再裹上蛋液，放入 160 摄氏度的油中炸至表面呈金黄色，捞出控油，备用。

4. 将丸子装入容器内，上笼蒸 45 分钟，取出，装盘。

5. 将蒸丸子的原汁倒回锅内，加入味精、盐调味，用湿淀粉勾芡，浇在丸子上，淋上香油，撒上蛋皮丝、香菜段即可。

操作关键

1. 肉丝要切得粗细均匀。

2. 丸子要蒸至软烂才可取出。

**菜品特点**

色泽金红，质地软烂，味道咸鲜，香气浓郁。

**饮食与健康**

猪肉有利于滋阴润燥、健脾胃、补血，营养丰富。但湿热偏重、痰湿偏盛、舌苔厚腻之人及肥胖者要少食。

制作人：殷雪营

# 鸿运当头

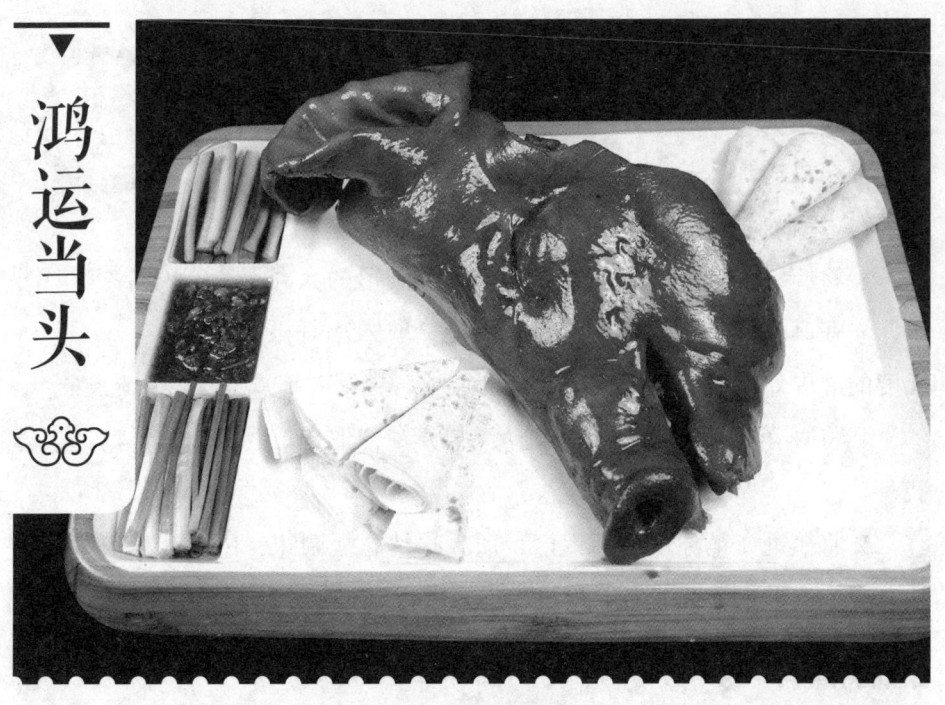

## 菜品说明

　　鸿运当头，是红扒猪脸的另一个名称，因为寓意美好，所以常在婚宴、升学宴等主题宴席中使用。猪头肉多与小葱、黄瓜条、蒜泥、辣椒酱等搭配，用薄饼卷在一起食用，味道香浓、油而不腻，深爱肉食爱好者的喜爱。

### 主要用料

　　猪头半个、老母鸡2只、猪骨头5千克、大葱段100克、姜片60克、料酒500克、红曲米100克、盐20克、味精10克、八角5克、花椒3克、小茴香5克、桂皮5克、肉蔻3克、香叶5克、白芷3克、丁香1克、山奈2克、干辣椒3克、陈皮2克、黄栀子3克、干姜15克、冰糖糖色200克。

## 制作过程

1. 用喷枪烧去猪头上的杂毛，将猪头放入水中浸泡，再刮洗干净。

2. 将猪骨头和老母鸡焯水，洗净，放入汤桶内，加入纯净水、大葱段、姜片烧开，打去浮沫，转小火炖 3 小时，制成鲜汤。

3. 将红曲米加水熬制成红色的汁液，备用。

4. 将八角、花椒、小茴香、桂皮、肉蔻、香叶、白芷、丁香、山奈、干辣椒、陈皮、黄栀子、干姜等香料洗净表面灰尘，用料酒浸泡 8 分钟，装入鲍鱼袋内，包成香料包。

5. 在汤桶内加入红曲米水、鲜汤、糖色、香料包、盐、味精调味，放入猪头煮 45 分钟，再焖制 2 小时捞出，装盘即可。

操作关键

1. 要调制好卤汤备用。

2. 猪头的杂毛要去除干净。

## 菜品特点

色泽红润，味道咸鲜，软烂浓香。

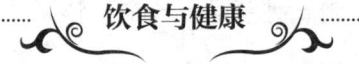

### 饮食与健康

猪头肉性平，味甘、咸，含有大量优质蛋白、铁，有利于补铁、补虚润燥、滋阴养血。猪头肉中的丰富的胶原蛋白，有利于美容养颜。猪头肉的脂肪含量较高，可通过脱脂处理来降低脂肪的含量，使其更加符合人们对健康饮食的需求。

制作人：段滨林

# 农家蒸肉

## 菜品说明

　　农家蒸肉是农家宴里常见的菜品，选用农家散养的笨猪制作而成，集肉丸子、炸肉、扣肉三种菜品于一体，体现了农家宴经济实惠、量大朴实的风格。

### 主要用料

　　五花肉 700 克、猪肉丸子 150 克、大葱段 100 克、姜片 100 克、盐 50 克、八角 3 克、料酒 30 克、味极鲜酱油 25 克、老抽 2 克、味精 3 克、鸡精 3 克、鸡蛋液 60 克、面粉 60 克、高汤 500 克、香油 2 克、香菜 3 克。

**制作过程**

1. 取 500 克五花肉切成 15 厘米大小的块，放入锅中，加入水、盐、八角、大葱段、姜片、料酒，煮至断生。

2. 将剩下的五花肉切成丁，加入盐、鸡精、酱油腌制入味，再加入面粉、鸡蛋液搅拌均匀，放入六成热的油中炸至呈金黄色，捞出备用；将猪肉丸子一切两半备用。

3. 将煮好的五花肉切成 0.2 厘米厚的大片，整齐地码入碗中，再放上丸子和炸肉，封上保鲜膜，放入蒸箱中蒸 40 分钟，取出蒸碗，倒出汤汁，然后翻扣在汤碗中。

4. 锅中放油烧热，加入大葱段、姜片、八角炸出香味，倒入高汤，加入盐、味精、鸡精、酱油、老抽，烧开后浇到蒸肉上，淋上香油，撒上香菜即可。

操作关键

1. 肉煮至用筷子能轻松插透即可。

2. 肉片不能切得太厚，否则口感较油腻。

**菜品特点**

造型美观，汤汁鲜美，肥而不腻，软烂醇香。

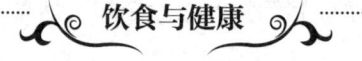

**饮食与健康**

农家蒸肉质地软烂，易被人体消化吸收，但脂肪含量较高，高血压、高血脂患者及肥胖者不宜多食。

制作人：毕延华

# 特色熏猪手

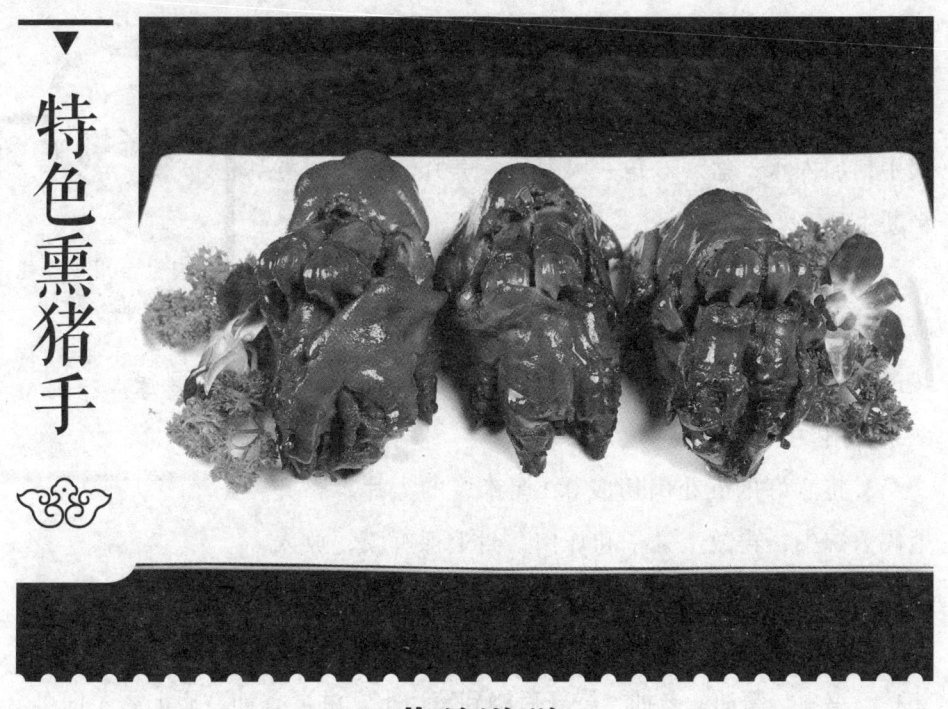

## 菜品说明

　　特色熏猪手是在卤猪蹄的基础上增加熏制工艺制作而成的。猪蹄胶质丰富，能够美容养颜、滋补身体，长久以来深受食客的喜欢，特别是女性朋友对它情有独钟。猪蹄熏制以后增加了烟香气息，更加引人食欲。

## 主要用料

　　猪蹄 20 个（约 10 千克）、猪骨汤 10 千克、冰糖 250 克、猪油 50 克、八角 30 克、花椒 20 克、肉蔻 10 克、桂皮 6 克、小茴香 15 克、陈皮 6 克、干辣椒 20 克、香叶 10 克、栀子 8 粒、茉莉花茶叶 35 克、姜 200 克、盐 100 克、鸡精 50 克、料酒 200 克、白糖 150 克。

## 制作过程

1. 起锅加入猪油，加热至六成热，下入冰糖，中火炒至糖液呈血红色，随即加入开水，制成糖色备用。

2. 将各种香料放入锅中，中火炒至呈微黄色，装入香料包内封口备用。

3. 将猪蹄用清水浸泡4小时，入凉水锅煮制10分钟，捞出，放入凉水中冲洗30分钟备用。

4. 将猪骨汤装入汤桶内，大火烧开，加入猪蹄，开锅后打净浮沫，下入香料包、糖色，转小火焖煮1.5小时，捞出沥净汤水。

5. 在熏锅内加入白糖，将猪蹄摆在熏架上，加盖后大火加热至出浓烟30—40秒，关火静置2分钟出锅即可。

**操作关键**

1. 猪蹄焯水后要冲洗。

2. 熏制的时间要掌握好，时间过长会产生苦味。

## 菜品特点

熏味浓郁，肉质酥烂有嚼劲。

### 饮食与健康

猪蹄中的胶原蛋白有利于增加皮肤弹性、美容养颜、强身健体、促进生长发育；各种无机盐有利于补钙壮骨。烟熏可以杀菌消毒、刺激食欲，但烟熏过程中会产生苯，容易致癌，不建议经常食用。

制作人：于福华

# 手撕牛肉

## 菜品说明

手撕牛肉是将牛黄瓜条肉卤制后油炸或者入烤箱烤制而成。牛肉条咸鲜微辣、肉质紧实、越嚼越香，可作为下酒菜或休闲食品。

## 主要用料

牛黄瓜条肉1千克、盐12克、鸡精30克、料酒50克、姜30克、圆葱100克、花椒3克、八角3克、香叶2克、白芷1克、陈皮2克、丁香1克、小茴香2克、草果2克、肉蔻2粒、木香1克、干辣椒5克、猪骨汤2千克、红99火锅底料2袋、色拉油1千克。

**制作过程**

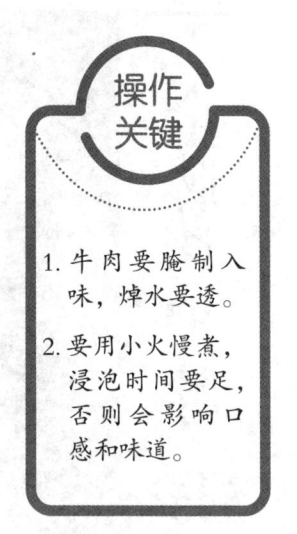

1. 将牛肉顺长边切成 2 厘米厚的长方形片，加入盐、料酒、圆葱、姜腌制 2 小时，放入冷水锅中，大火加热，开锅 3 分钟后捞出，冷水冲洗 30 分钟备用。

2. 将牛肉片切成 1.5 厘米宽、1.5 厘米高、6 厘米长的条；所有香料放入锅中炒至微黄，装入香料包备用。

3. 在锅内加入猪骨汤和红 99 火锅底料，开锅后打净浮沫，加入香料包和各种调料，中火加热 10 分钟，下入牛肉条转小火加热 30 分钟，关火浸泡 3 小时，捞出牛肉条晾凉。

4. 起锅放入色拉油，加热至六成热，下入牛肉条，小火慢慢炸透，炸至外表酥脆、色泽深红即可。

**操作关键**

1. 牛肉要腌制入味，焯水要透。

2. 要用小火慢煮，浸泡时间要足，否则会影响口感和味道。

**菜品特点**

色泽深红，肉质紧实，越嚼越香。

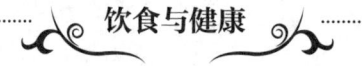

**饮食与健康**

牛肉干瘦肉多、脂肪少，是高蛋白、低脂肪的优质肉类食品，有利于促进生长发育及修复组织、补中益气、滋养脾胃、强健筋骨、安神养颜。手撕牛肉口感紧实，长时间的咀嚼有利于消化液的分泌，能够促进人体对营养成分的吸收与消化，一般人群均可食用；但最好不要与韭菜、栗子同食。

制作人：高春波

金牌烤驴脖

## 菜品说明

驴脖子处有皮、有骨、有筋、有肉。此部位经过卤制与烤制，不仅滋味浓香，而且口感丰富。此部位稀少，所以烤驴脖这道菜多在高档宴会中使用。

### 主要用料

带皮驴脖子2千克、孜然粉10克、辣椒粉10克、黄瓜条100克、小葱段100克、小单饼10张、圆葱100克、芹菜50克、香菜20克、大葱50克、姜50克、老抽30克、生抽20克、盐15克、蚝油10克、白糖10克、料酒30克、味精5克、鸡精6克、八角5克、香叶2克、花椒5克、肉蔻1个、肉桂5克、小茴香5克、白芷3克、陈皮3克、骨头汤3千克、麦芽糖25克、色拉油50克、红油辣酱30克、香油10克。

## 制作过程

1. 将驴脖子用清水浸泡 6 小时，除去血水，洗净备用。

2. 将驴脖子放入锅中，加入水、芹菜、香菜、圆葱、大葱、姜、料酒，大火烧开，打去浮沫，煮 10 分钟捞出，洗净备用。

3. 将八角、香叶、花椒、肉蔻、肉桂、白芷、小茴香、陈皮等香料炒香，包成香料包；将麦芽糖、色拉油、红油辣酱、香油调和均匀，制成烤酱料。

操作
关键

1. 要反复换水浸泡驴脖子，除去异味。

2. 烤制时要控制好炉温，防止焦煳。

4. 锅内加入骨头汤、水，放入香料包、大葱、姜、老抽、生抽、盐、蚝油、白糖、料酒等煮出香味，放入驴脖子，大火煮开，打去浮沫，转小火煮 3 小时，关火焖制 50 分钟，捞出，放入烤盘内。

5. 将烤箱下火温度调至 170 摄氏度，上火温度调至 220 摄氏度，放入驴脖子，烤制 20 分钟，每隔 5 分钟刷一遍烤酱料，待驴脖子颜色红亮、酱香浓郁时装盘即可。

6. 上桌时搭配孜然粉、辣椒粉、黄瓜条、小葱段和小单饼一起食用。

## 菜品特点

色泽红润，质地软烂，酱香浓郁。

饮食与健康

驴肉有利于养心安神、补气养血、美容养颜、延缓衰老、强身健体、健脾和胃，是女性的滋补佳品。驴肉经过高温烤制，会产生浓重的酯香，滋味醇厚、诱人食欲。驴肉有利于较强的饱腹感，因此，一次不要食用过多。

制作人：张乃朋

# 氽驴肉丸子

## 菜品说明

　　牛庄镇原先是东营市最大的牲畜集散地，做牛、驴生意的人很多，于是便有人以牛、驴肉为主要食材做起了酒店生意。驴架子、肴驴肉、驴肉水饺、驴肉丸子等逐渐成为酒店的特色菜肴。黄河口人素有氽丸子过年的习俗，而氽驴肉丸子则是氽丸子中的佳品。

## 主要用料

　　新鲜驴后腿肉 1 千克、大葱 50 克、姜 50 克、花椒 5 克、盐 25 克、味精 3 克、鸡蛋 50 克、湿淀粉 60 克、香菜末 20 克、胡椒粉 2 克、香油 2 克、猪油 50 克。

## 制作过程

1. 将驴肉剔净筋腱、筋膜，改刀成 3 厘米大小的块，放入冰箱中冷藏 4 小时进行排酸处理；取出驴肉，加入盐腌制 30 分钟，放入绞肉机中，打成肉茸，或者用菜刀剁成肉茸备用。

2. 将大葱、姜洗净拍松与花椒一起放入盆中，加入清水、盐，调制成花椒水备用。

3. 分 3 次在驴肉肉茸中加入花椒水，顺时针搅打起劲，加入鸡蛋、猪油、盐、胡椒粉、湿淀粉，继续按照顺时针方向搅打起劲，密封，放入冰箱冷藏 2 小时备用。

4. 锅内加入清水，大火烧至锅底起小泡后关火；将肉茸挤成直径 2 厘米的肉圆，投入锅中；开小火加热至丸子浮起，打入凉水随即打净浮沫，加入盐、味精，开锅后淋上香油，撒上香菜末即可。

**操作关键**

1. 驴肉要新鲜且要排酸。
2. 肉茸要顺着一个方向搅拌起劲。
3. 氽制时的水温不能过高，否则会影响丸子的口感。

## 菜品特点

丸子洁白，汤清味鲜，清脆爽口。

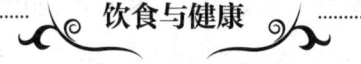

饮食与健康

驴肉中含有骨胶原、钙、硫、维生素等营养成分，有利于补气养血、补钙、健脾和胃、滋阴壮阳、安神养颜，能为体弱者提供充足的营养。驴肉尽量不与猪肉、皇席菜、章鱼、金针菇一起食用。

制作人：隋曙光

# 大中驴架子

## 菜品说明

　　黄河口人喜欢吃驴肉，也爱啃驴架子。虽然驴架子骨多肉少，但肉都是骨边肉，质地软烂、香气诱人。牛庄镇的大中全驴馆是一家后院杀驴、前店卖肉的饭店，主要经营肴驴肉、驴肉水饺、驴肉丸子、驴架子等菜品。其把新鲜的驴架子用肴驴肉的老汤煮熟，装入大盆或小盆，进行售卖。这吸引了无数食客，甚至有人驱车近百里，专程来啃驴架子。

### 主要用料

　　驴架子 25 千克、老汤 50 千克、盐 500 克、味精 50 克、鸡精 50 克、白糖 100 克、白酒 50 克、料酒 1 千克、八角 20 克、花椒 15 克、小茴香 10 克、桂皮 15 克、丁香 3 克、良姜 8 克、肉蔻 20 克、草豆蔻 12 克、肉桂 12 克、白芷 5 克、砂仁 3 克、白果 3 克、山奈 2 克、姜 500 克、大葱 400 克、胡椒粉 20 克。

操作关键

1. 驴架子要用水浸泡，除去血水。
2. 要根据驴肉的老嫩灵活掌握煮制的火候。

## 制作过程

1. 将驴架子用清水浸泡 4 小时，冲洗干净。

2. 将各种香料包成香料包。

3. 将驴架子、香料包放入锅中，加入纯净水、老汤、大葱、姜、盐、味精等，大火烧开，打去浮沫，转小火煮 1—2 小时，关火，焖 50 分钟即可。

## 菜品特点

色泽红润，香气浓郁，质地软烂，味透肌理。

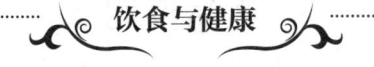

饮食与健康

驴骨肉有利于补气、补虚、养血、补肾、壮骨。但脾胃虚寒、慢性肠炎及腹泻患者不宜多食。

制作人：隋曙光

# 老坛黄牛肉

## 菜品说明

鲁西黄牛是中国名贵牛种之一，体躯高大、结构匀称、健壮威武，肉用价值高。其肌纤维间均匀沉积脂肪形成明显的大理石花纹，肌肉剖面呈雪花状。特别是牛肋部分，更是红白相间、肉质松软、质地细腻、营养丰富、鲜美可口。

## 主要用料

鲁西黄牛腩肉1千克、白萝卜500克、八角2克、花椒2克、陈皮1克、桂皮2克、肉蔻1个、干辣椒3克、香叶2克、老抽10克、生抽50克、蚝油10克、花雕酒200克、大葱段20克、姜片15克、圆葱30克、胡萝卜30克、香菜20克。

## 制作过程

1.将白萝卜和黄牛肉分别切成5厘米大小的块，牛肉用清水浸泡，冲去血水。

2.将各种香料放入香料包中。

3.将黄牛肉焯水，洗净备用。

4.锅内加水，放入牛肉、香料包和各种调料，大火烧开，转中小火焖炖至熟烂，再加入萝卜块炖烂即可。

## 菜品特点

色泽红亮，质地软烂，口味咸鲜。

操作
关键

1.要选用鲁西黄牛肉，牛肉要用水浸泡，除去血水。

2.牛肉要凉水下锅，否则口感发柴。

### 饮食与健康

牛肉中富含蛋白质，有利于补虚健中、养脾胃、强筋骨、消水肿、除湿气。萝卜中含有大量的维生素C和膳食纤维，可以促进胃肠蠕动，增加食欲，帮助消化。一般人群均可食用。

制作人：杜小青

# 龙居牛肉丸子

## 菜品说明

　　龙居丸子是齐鲁名吃，也是黄河口地标性美食，龙居丸子制作技艺被纳入东营市非物质文化遗产代表性项目名录。龙居牛肉丸子是东营区龙居镇顺昌肉丸厂精心打造的一道菜品，其选料考究、加工精细、质感爽脆、味道鲜美、食用方便，深受食客喜爱。

## 主要用料

　　新鲜牛后腿肉 1 千克、大葱 50 克、姜 50 克、花椒 5 克、盐 25 克、味精 3 克、鸡蛋 50 克、湿淀粉 60 克、香菜末 20 克、胡椒粉 2 克、香油 2 克、猪油 50 克。

**制作过程**

1. 将牛肉剔净筋腱、筋膜，改刀成 3 厘米大小的块，放入冰箱中冷藏 4 小时进行排酸处理；取出牛肉，加入盐腌制 30 分钟，放入绞肉机中，打成肉茸，或者用菜刀剁成肉茸备用。

2. 将大葱、姜洗净拍松与花椒一起放入盆中，加入清水、盐，调制成花椒水备用。

3. 分 3 次在牛肉肉茸中加入花椒水，顺时针搅打起劲，加入鸡蛋、猪油、盐、胡椒粉、湿淀粉，继续按照顺时针方向搅打起劲，密封，放入冰箱冷藏 2 小时备用。

4. 锅内加入清水，大火烧至锅底起小泡后关火；将肉茸挤成直径 2 厘米的肉圆，投入锅中；开小火加热至丸子浮起，打入凉水随即打净浮沫，加入盐、味精，开锅后淋上香油，撒上香菜末即可。

**操作关键**

1. 牛肉要新鲜且要排酸。

2. 肉茸要顺着一个方向搅拌起劲。

3. 氽制时的水温不能过高，否则会影响丸子的口感。

**菜品特点**

丸子洁白，汤清味鲜，清脆爽口。

**饮食与健康**

牛肉有利于补血补钙、健脾和胃、滋阴壮阳、安神养颜，有较好的滋补效果。

制作人：朱小涛

# 李神仙烤兔

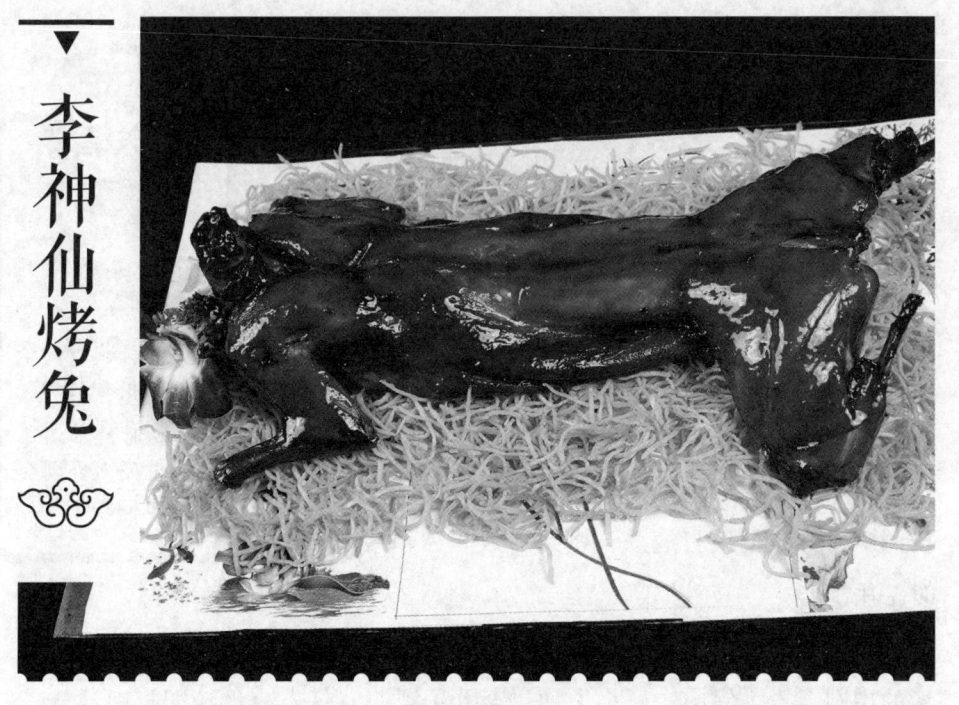

## 菜品说明

明末清初，利津有位李姓人氏。他自幼深受道家思想的影响，学习了一些奇门遁甲之术，是一位知名的学者，被尊称为"李神仙"。清朝初年，他带领义军反清，为躲避清军的追剿，他挖掘了一道直通村外的洞穴，这个洞穴现如今仍然存在于利津县城。他平生特别喜食烤兔，他制作烤兔的方法一直流传至今。

## 主要用料

白条兔 2 只（约 5 千克）、蒜子 1.5 千克、姜 1 千克、大葱 500 克、香菜 250 克、姜末 30 克、东古一品鲜酱油 400 克、味达美酱油 1 千克、古越龙山花雕酒 500 克、鸡精 120 克、白糖 100 克、陈皮 15 克、白芷 30 克、花椒 30 克、孜然 30 克、八角 20 克、肉桂 30 克、高度白酒 100 克、盐 100 克、辣椒粉 20 克、孜然粉 20 克。

## 制作过程

1.将白条兔掏净内膛淤血，洗净沥水；大葱、姜去皮，洗净后部分拍松，部分切成末；蒜子去蒂，洗净拍松；香菜择洗干净沥水。

2.将兔子用白酒、花椒、大葱末、姜末、盐搓揉至透，挂在通风处晾干或者用风机吹 2 小时。

3.将各种香料放入锅内煸炒至呈微黄色，装入香料包备用。

4.将东古一品鲜酱油、味达美酱油、古越龙山花雕酒、纯净水、鸡精、白糖、香料包、蒜子、姜、香菜调制成腌料，将晾干的兔子放入腌料中腌制 12 小时。

5.调制烧汁：味达美酱油 1 份、烧汁 1 份、白糖 2 份。

6.将腌制好的兔子沥净汤水，上笼蒸制 30 分钟；烤箱上火调至 260 摄氏度，下火调至 220 摄氏度预热，放入刷上烧汁的兔子，烤制 2 分钟，再刷 1 次烧汁，再烤制 2 分钟，烤至表皮酥脆即可。

7.将兔子用手撕成条，撒上孜然粉、辣椒粉即可。

**操作关键**

1. 兔子要腌制入味，去掉土腥味。

2. 烤制时要分次刷调味汁，调味汁的味道不可过重。

## 菜品特点

色泽枣红，咸鲜蒜香，表皮酥脆，肉质鲜嫩。

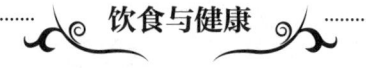

**饮食与健康**

兔肉是一种高蛋白、低脂肪的食材，其中含有卵磷脂，有利于健脑益智、增强记忆力；含有维生素及人体所需的氨基酸，可以补充营养物质、恢复身体机能、促进新陈代谢。一般人群均可食用，特别是青少年可以经常食用，不建议老年人经常食用或者一次食用过多。

制作人：张希杰

# 水煎豆腐

## 菜品说明

　　水煎豆腐的创意来源于历史名吃利津水煎包。豆腐经过成形、酿馅、煎制、煨制等工序，色泽金黄、质地鲜嫩，不失为一道美味佳肴，做法令人耳目一新。除此之外，采用利津水煎包制作工艺的菜品还有水煎黄河刀鱼、水煎茄子、水煎鱼盒等。

## 主要用料

　　老豆腐 500 克、猪肉泥 200 克、骨头汤 200 克、盐 5 克、大葱末 10 克、姜末 10 克、面粉 20 克、大豆油 10 克、蒜末 20 克、味精 2 克、香油 3 克。

**制作过程**

1. 在猪肉泥中加入大葱末、姜末、盐、味精、香油调味。

2. 将老豆腐切成 5 厘米长、3 厘米宽、2.5 厘米厚的长方形块，在每块豆腐上面挖出 1 个窝，再酿入肉馅。

3. 在豆腐的底面粘上少许面粉，放入平底锅内，煎至底面呈浅黄色。

4. 将骨头汤、面粉、盐、味精等混合均匀，倒入煎豆腐的锅中，盖上锅盖，小火煨制，使豆腐入味。

5. 待汤汁快干时，淋入大豆油，小火慢煎，直至底面形成一层金黄酥脆的饹馇，反扣在盛器内即可。

操作关键

1. 豆腐要先蒸一下，更易成形。

2. 要注意火侯，不要煳锅。

**菜品特点**

色泽焦黄，底面酥脆，豆腐软嫩，味道鲜香。

### 饮食与健康

豆腐是中国人饮食中的重要食物，食用豆腐是获取优质蛋白、脂肪和钙的有效途径。豆腐中含有氨基酸、大豆卵磷脂等，有利于健脾利湿、清肺润肤、清热解毒、下气消痰、润燥生津。豆腐与猪肉搭配，既增加了豆腐的香气和鲜味，又提高了菜肴的食用价值与养生价值。一般人群均可食用，但痛风患者要少吃。

制作人：李延民

# 槐花酱

## 菜品说明

在河口区孤岛镇有一片万亩槐林，每当槐花盛开时，娇嫩的花朵会散发出阵阵甜香，赏花的人们常常禁不住采摘一些带回家吃。有的用槐花蒸巴拉子，有的摊咸食，有的做粥、蒸大包子，吃法多种多样。近几年，又流行吃槐花酱、槐花饼等，因其风味独特，深受食客喜爱。

## 主要用料

五花肉粒 500 克、槐花 100 克、圆葱末 100 克、蒜末 150 克、香油 10 克、花生油 400 克、猪油 35 克、红泡椒 120 克、白糖 10 克、姜末 70 克、郫县豆瓣酱 120 克、黄豆酱 100 克、秘制汁 100 克、香料油 100 克。

## 制作过程

1.将槐花洗净，控干水分，放入锅中，用小火炒至呈金黄色时倒出。

2.将花生油、猪油倒入锅内，加入姜末、蒜末、圆葱末炒香，然后依次加入五花肉粒、红泡椒、郫县豆瓣酱、黄豆酱炒香，再加入炒好的槐花，用小火熬制 25 分钟，倒入盛器内，加入香油、香料油、白糖等搅拌均匀，盖盖密封 12 小时即可。

## 菜品特点

色泽红亮，诱人食欲，咸鲜微辣，槐香浓郁。

**操作关键**

1. 炒制槐花时要用小火，不能炒得过干。

2. 红泡椒、豆瓣酱、黄豆酱要提前剁碎备用。

3. 要在色拉油内加入葱、姜、香菜、花椒等熬炼成香料油。

4. 最好提前炒制，入味 12 小时。

### 饮食与健康

槐花中含有丰富的营养物质，有利于凉血止血、清肝泻火。在槐花酱中加入五花肉、圆葱、辣椒等，能增加氨基酸、维生素与无机盐的含量，营养价值与食用价值大大增加。槐花酱酱香微辣，刺激食欲、促进消化，一般人群均可食用，但食用过多槐花会引起肠胃不适，不建议一次食用过多。

制作人：牛金光

# 碴菜豆腐

## 菜品说明

菜豆腐，曾经是地地道道的农家饭，如今已出现在许多酒店的菜单上。农家人用来制作菜豆腐的食材多种多样，有的选用豆腐渣，有的选用豆腐，有的选用黄豆碎，有的选用青豆碎，还有的则是用泡好的豆子磨成的浆。而搭配的蔬菜则以一些应季的绿叶菜为主，如荠菜、苔菜、小白菜、萝卜叶等。

## 主要用料

水泡黄豆 200 克、小白菜 200 克、葱花 50 克、盐 5 克、味精 2 克、鸡精 2 克、豆油 60 克。

## 制作过程

1. 将黄豆洗净，上笼蒸 25 分钟，取出晾凉，放入搅拌机内打碎，备用。

2. 将小白菜择洗干净，焯水，过凉，切碎备用。

3. 锅内加入豆油，烧热，放入葱花炒至呈金黄色，再放入黄豆碎翻炒，加入水、盐、味精、鸡精、小白菜，熬煮 3 分钟，翻炒均匀，装盘即可。

操作关键

1. 黄豆要提前蒸熟。

2. 爆锅时要将葱花炒出香味。

## 菜品特点

味道鲜美，质感软烂，葱香浓郁。

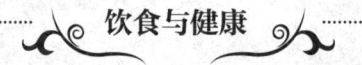

饮食与健康

黄豆性平、味甘，归脾经、胃经，有利于健脾利湿、润燥消水。黄豆不易被消化，一次不宜食用过多。另外，黄豆中的嘌呤含量较高，痛风患者和尿酸高者要少食。

制作人：孙亮

# 利津八大碗

八大碗是民间宴席的一种菜品结构形式，由8个不同的碗蒸菜组成，故被称为八大碗。因区域不同，八大碗的菜品结构也各不相同，有的讲究"四平八稳"，即4个平盘菜肴、8个大碗菜肴，寓意四季平安、八方来财、团圆美满。八大碗的菜品以大鱼大肉为主，讲究口味和性价比，尽可能地满足人们对肉食的渴望。在物质匮乏的岁月，"坐八仙桌，吃八大碗"是款待宾客的最高礼仪。

如今，随着时代的发展，人们多到大酒店里举办喜宴，八大碗逐渐退出了历史舞台。可喜的是，近几年，在"响门"宴和喜宴中又出现了八大碗的身影。但八大碗在质量和数量上都发生了很大的变化，不仅品类更加丰富，而且更加重视饮食健康和产品品质。

八大碗食材多样，营养丰富。鸡肉中富含维生素、磷、铁、铜、锌等营养元素；猪肉中富含蛋白质、脂肪、无机盐、维生素B等营养元素；豆腐中含有大量蛋白质、维生素及无机盐；草鱼性温、味甘，是温中补虚的佳品。但八大碗中有的菜品经过挂糊、油炸，所含脂肪较多，故湿热偏重、痰湿偏盛、舌苔厚腻者及肥胖者要少食。

以下呈现的是过去利津县八大碗的制作方式。

# 一、蒸酥鸡

## 主要用料

小笨鸡 500 克、大葱末 50 克、姜末 30 克、盐 10 克、鸡精 3 克、味精 3 克、十三香 5 克、花椒 1 克、八角 2 克、香醋 5 克、鸡蛋 100 克、胡椒粉 3 克、面粉 20 克、淀粉 20 克、料酒 20 克、肉汤 500 克、酱油 10 克、花生油 2 千克、香菜段 5 克。

**操作关键**

1. 鸡块要提前腌制入味。

2. 调制糊时要掌握好稀稠度。

## 制作过程

1. 将鸡剁成 3 厘米大小的块，加入盐、大葱末、姜末、十三香、胡椒粉、料酒拌匀；再加入鸡蛋、面粉、淀粉拌匀，使鸡块表面挂上一层糊。

2. 将鸡块放入六成热的油锅中，炸至外酥里嫩，捞出，待油温回升至八成热时下入鸡块进行复炸，鸡块呈金黄色时捞出，控油备用。

3. 锅内留底油，下入大葱末、姜末、花椒、八角爆香，加入酱油、盐、鸡精、味精、香醋、肉汤熬出香味，制成料汤。

4. 将炸好的鸡块放在蒸碗内，加入料汤，放在蒸笼内，用大火蒸 40 分钟，取出蒸碗，倒出汤汁，将鸡块反扣在汤盘中，再将汤汁倒入锅中，用水淀粉勾成稀芡，淋在鸡块上面，撒上香菜段即可。

## 菜品特点

色泽金黄，味道鲜美，浓郁香醇，口感酥烂。

# 二、蒸酥肉

## 主要用料

猪精肉 500 克、大葱末 50 克、姜末 20 克、盐 10 克、鸡精 3 克、味精 3 克、十三香 5 克、花椒 1 克、八角 2 克、香醋 5 克、鸡蛋 100 克、胡椒粉 3 克、面粉 20 克、淀粉 20 克、料酒 20 克、肉汤 500 克、酱油 10 克、花生油 2 千克、香菜段 5 克。

**操作关键**

1. 猪肉要腌入味。

2. 猪肉要炸至外酥里嫩。

3. 要掌握好蒸制的时间。

## 制作过程

1.将猪肉切成 1.5 厘米粗的条,加入大葱末、姜末、盐、料酒、胡椒粉,腌制 30 分钟;再加入鸡蛋、面粉、淀粉拌匀,使肉条表面挂上一层糊。

2.将肉条放入五六成热的油锅中,炸至外酥里嫩,捞出,待油温回升至八成热时下入肉条进行复炸,肉条呈金黄色时捞出,控油待用。

3.锅内留底油,下入大葱末、姜末、花椒、八角爆香,加入酱油、盐、鸡精、味精、香醋、肉汤熬出香味,制成料汤。

4.将炸好的肉条放在蒸碗内,加入料汤,放在蒸笼内,蒸 40 分钟,取出蒸碗,倒出汤汁,将肉条反扣在汤盘中,再将汤汁倒入锅中,用水淀粉勾成稀芡,淋在肉条上面,撒上香菜段即可。

## 菜品特点

色泽红润,味道鲜美,浓郁香醇,口感酥烂。

# 三、蒸扣白肉

## 主要用料

带皮五花肉 500 克、大葱段 20 克、姜片 10 克、花椒 2 克、料酒 50 克、盐 8 克、味精 2 克、鸡精 3 克、十三香 6 克、香菜段 2 克。

## 制作过程

1. 将五花肉切成 15 厘米的大方块，烧去猪皮上的杂毛，放入水中刮洗干净。

2. 锅中加水，放入五花肉块、大葱段、姜片、花椒、料酒，烧开后撇去浮沫，加入盐、味精、鸡精、十三香，煮至断生，捞出。

3. 将煮好的五花肉切成 0.5 厘米厚的片，皮面朝下摆放在蒸碗里，加上肉汤，放在蒸笼内，蒸 1 小时，取出蒸碗，倒出汤汁，把白肉扣在汤碗中，浇上汤汁，撒上香菜段即可。

## 菜品特点

味道咸鲜，口感酥烂，质地嫩滑，肥而不腻。

操作关键

1. 要将猪皮上的杂毛处理干净。

2. 肉片的厚度要一致。

3. 要控制好蒸制的时间。

# 四、碗蒸鸡

## 主要用料

笨鸡1只（约1.5千克）、大葱段50克、姜片50克、八角2克、花椒1克、盐15克、味精3克、香菜段5克。

## 制作过程

1.将笨鸡洗净，放入锅内，加入水、大葱段、姜片、八角、花椒、盐、味精，大火烧开，打去浮沫，转中火煮至能拆下肉时捞出，晾凉。

2.将鸡肉撕成粗丝，整齐地码入碗中，浇上鸡汤，放在蒸笼内，蒸30分钟，取出蒸碗，倒出汤汁，把鸡肉扣在汤碗中，浇上汤汁，撒上香菜段即可。

## 菜品特点

香气四溢，肉质酥烂，味道鲜美。

操作关键

1. 要掌握好火候和蒸煮时间。

2. 要加鸡汤蒸。

# 五、碗蒸豆腐

**主要用料**

老豆腐 500 克、盐 5 克、生抽 15 克、味精 2 克、鸡精 3 克、肉汤 300 克、花生油 60 克、白糖 10 克、霉干菜 200 克、香菜段 5 克。

操作关键

1. 豆腐的大小要均匀一致，装碗要整齐。
2. 霉干菜要炒出香味。

**制作过程**

1. 将老豆腐清洗干净，切成 1 厘米厚的片，放入锅中，煎至两面呈金黄色，取出晾凉，备用。

2. 将霉干菜用清水浸泡两小时，清洗干净，挤干水分，备用。

3. 锅中加油，烧热，放入霉干菜、白糖翻炒均匀，待炒香后倒出，备用。

4. 锅中加入盐、生抽、味精、鸡精、肉汤煮开，制成味汁。

5. 将豆腐整齐地摆入大碗中，再放上炒好的霉干菜，倒入味汁，放在蒸笼内，蒸 40 分钟，取出蒸碗，倒出汤汁，把豆腐扣在汤碗中，浇上汤汁，撒上香菜段即可。

**菜品特点**

外形美观，鲜香美味，不油不腻。

# 六、清汤丸子

## 主要用料

精瘦猪肉 500 克、姜末 30 克、大葱末 50 克、盐 12 克、味精 2 克、淀粉 30 克、鸡蛋 100 克、香菜末 5 克、香油 2 克。

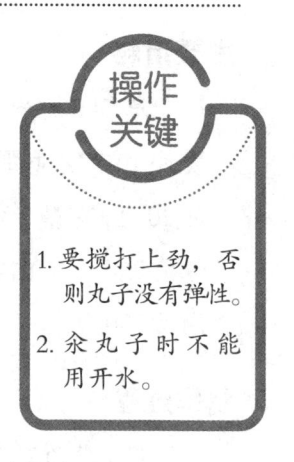

操作关键

1. 要搅打上劲，否则丸子没有弹性。

2. 氽丸子时不能用开水。

## 制作过程

1. 将猪肉用绞肉机绞成肉泥，加入姜末、大葱末、盐、淀粉、鸡蛋，顺着一个方向搅拌至有黏性，然后用手抓起肉馅，用力摔打，使肉馅进一步上劲。

2. 将肉馅挤成直径 2 厘米的丸子，放入 80 摄氏度的水中氽熟，捞出，放入汤碗内。

3. 在原汤中加入盐、味精调味，倒在汤碗内，撒上香菜末，淋上香油即可。

## 菜品特点

汤汁清澈，味道鲜美，色白软嫩，口感脆爽，弹性十足。

# 七、蒸瓦块鱼

## 主要用料

草鱼 1 条（约 1 千克）、盐 15 克、大葱段 20 克、姜片 10 克、鸡蛋 80 克、淀粉 65 克、花椒 1 克、酱油 20 克、鸡精 2 克、八角 1 克、香醋 5 克、料酒 10 克、味精 2 克、香菜段 5 克、面粉 20 克、花生油 1 千克、肉汤 500 克。

操作关键

1. 鱼块要腌入味。
2. 要控制好蒸制的时间。

## 制作过程

1. 将草鱼宰杀，洗净，切成 3 厘米大小的块，加入盐、味精、大葱段、姜片、料酒拌匀，腌制 25 分钟，再加入鸡蛋、面粉、淀粉拌匀，使鱼块表面挂上一层糊。

2. 将鱼块放入六成热的油锅中，炸至外酥里嫩，捞出，待油温回升至八成热时下入鱼块进行复炸，鱼块呈金黄色时捞出，控油备用。

3. 锅内留底油，下入大葱段、姜片、花椒、八角爆香，加入酱油、盐、鸡精、味精、香醋、肉汤熬出香味，制成料汤。

4. 将炸好的鱼块摆放在蒸碗内，加入料汤，放在蒸笼内，蒸 40 分钟，取出蒸碗，倒出汤汁，将鱼块反扣在汤盘中，再将汤汁倒入锅中，用水淀粉勾成稀芡，淋在鱼块上面，撒上香菜段即可。

## 菜品特点

色泽红润，味道鲜美，质地软嫩，滋味醇厚。

# 八、蒸酥肉丸子

## 主要用料

五花肉 50 克、大葱末 20 克、姜末 20 克、淀粉 10 克、胡椒粉 1 克、花椒 1 克、酱油 20 克、鸡精 3 克、面粉 10 克、馒头末 20 克、盐 5 克、鸡蛋 1 个、生抽 15 克、八角 1 克、料酒 10 克、味精 2 克、香菜段 5 克、花生油 1 千克、肉汤 500 克。

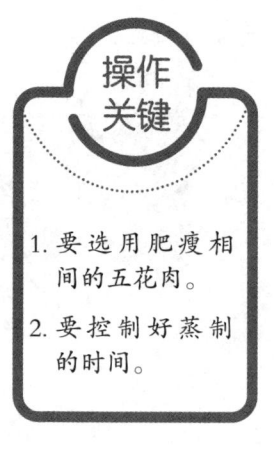

**操作关键**

1. 要选用肥瘦相间的五花肉。
2. 要控制好蒸制的时间。

## 制作过程

1. 将五花肉剁成碎末，加入大葱末、姜末、生抽、胡椒粉拌匀，再加入馒头末、鸡蛋、淀粉、面粉拌匀，最后加入盐，顺着一个方向搅拌至有黏性。

2. 将肉馅挤成直径 2 厘米的丸子，放入五成热的油锅中，炸至外酥里嫩，捞出，待油温回升至八成热时下入丸子进行复炸，待丸子呈金黄色时捞出，控油备用。

3. 锅内留底油，下入大葱末、姜末、花椒、八角爆香，加入酱油、盐、鸡精、味精、肉汤熬出香味，制成料汤。

4. 将炸好的丸子摆放在蒸碗内，加入料汤，放在蒸笼内，蒸 40 分钟，取出蒸碗，倒出汤汁，将丸子反扣在汤盘中，再将汤汁倒入锅中，用水淀粉勾成稀芡，淋在丸子上面，撒上香菜段即可。

## 菜品特点

色泽红润，肉丸软糯，汤鲜味美。

制作人：李金平

学

画

第三卷

本篇在编写和拍摄过程中得到以下单位和人员的大力支持：

| 单　位 | 人　员 |
| --- | --- |
| 东胜大厦 | 姜晓荣 |
| 万达控股集团 | 候典玉 |
| 东营宾馆 | 贾新英、卜玲芹、张丽丽、郭香俊、王美红、田敏敏、贾新英、赵亮、赵彩英、刘宝美、刘玲 |
| 利津县茂盛馆 | 王强 |
| 尚能集团 | 赵海兵 |
| 东营区龙居乡贡生园食品 | 赵景升 |
| 东营区龙居镇小麻湾村 | 刘洋洋 |
| 华东国际大酒店 | 周思美 |
| 胜利宾馆 | 王金刚 |
| 仙河镇黄河口饭店 | 张大巧 |
| 河畔假日大酒店 | 张维杰 |
| 大明大厦 | 于茂存 |
| 广饶县大码头镇小码头村 | 王俊梅 |
| 胜利油田石化总厂 | 吴振兴 |
| 东营颜派王家味饭店 | 王春英 |
| 黄河国际会展中心 | 高祥美 |
| 小银龙餐饮公司 | 朱振波 |
| 东营市技师学院现代服务系 | 杨丽丽、魏娟 |
| 东营区龙居镇朱家村 | 初玉花 |
| 乐林饺子馆 | 高乐林 |
| 垦利区正源驴肉 | 李道峰 |
| 垦利区公安局食堂 | 李俊玲 |
| 东营区牛庄镇大中驴肉馆 | 隋曙光 |
| 东营区鸿丰饺子城 | 刘帅 |
| 开口笑饺子城 | 孟庆元 |
| 东营区富老乡亲酒店 | 秦兰花 |

# 金色龙须面

## 菜品说明

在齐鲁面点制作中有一项神奇的技艺，仅凭一双手就能把一块面团魔术般地变成细如发丝的面条，这就是拉面技术。拉龙须面，是传统面点制作技艺中难度较高的技艺，能否拉好龙须面，是检验一个面点厨师技术水平高低的重要手段。由于拉面具有很强的观赏性，所以拉龙须面已经逐渐成为各类大赛和技艺表演的重要项目。

## 主要用料

高筋面粉 1 千克、盐 3 克、碱 1 克、南瓜泥 200 克。

**制作过程**

1. 在面粉中加盐、碱、南瓜泥，和成面团，盖湿布饧置 1 小时。

2. 将面团搓成长条，双手分别握住长条的两端，上下抖动，进行溜条，使面团逐渐拉长，形成面条；再将面条进行旋转，使其绞合粘连在一起。如此反复，循环操作，直至面条筋道顺滑。

3. 将溜好的面条放在面板上，撒上面粉，双手抓住两端，轻轻向外抻拉，使面条逐渐变细，再将其对折，向外抻拉。如此反复抻拉，直到面条细如发丝。

4. 将面条理顺，切成 80 厘米长的段，用专用漏网托住，放入 120 摄氏度的油中炸至面条挺直、色泽金黄时取出，用吸油纸吸干多余的油脂，装盘即可。

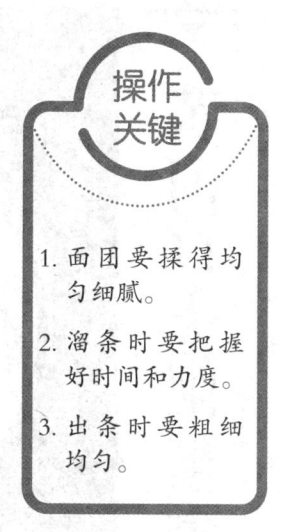

操作关键

1. 面团要揉得均匀细腻。

2. 溜条时要把握好时间和力度。

3. 出条时要粗细均匀。

**菜品特点**

色泽金黄，细如发丝，酥脆香甜。

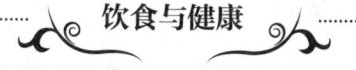

**饮食与健康**

在面团中添加了大量的南瓜泥，虽然增加了拉面的难度，却使龙须面的营养成分更加丰富。南瓜中富含碳水化合物、维生素和无机盐，有利于促进消化、排毒养颜。龙须面经过油炸定型，虽然色泽金黄、酥脆香甜，但会造成部分营养损失，增加油腻感，因此，老年人、"三高"人群、肥胖者不宜食用。

制作人：姜晓荣

# 黄河口大闸蟹粥

## 菜品说明

　　黄河口大闸蟹粥是一道高档的粥品，它将黄河口大闸蟹和黄河口大米这两种地方食材用高汤融合在一起，细细品味，既有蟹肉、蟹黄的鲜甜，又有大米粥的清香与细滑。

## 主要用料

　　黄河口粳米 500 克、大闸蟹 200 克、青豆 50 克、姜末 12 克、高汤 3.3 千克、盐 8 克、味精 6 克、胡椒粉 3 克、混合油 20 克（植物油、猪油）、5 年花雕酒 20 克、高汤 5 千克。

**制作过程**

1. 将大闸蟹洗净，蒸熟，掀开蟹壳，去掉肺、嘴、爪尖等，取出蟹黄、蟹肉。

2. 在砂锅内加入混合油，下入姜末、蟹腿、蟹壳，煸炒至变色，烹入花雕酒，加入高汤烧开备用。

3. 将粳米用清水洗净，放入高汤内，大火烧开，转中火熬制成粥状；放入蟹壳、蟹腿、蟹肉、蟹黄、青豆，加盐、味精、胡椒粉调味，加热 10 分钟，装入汤碗上桌即可。

操作关键

1. 在高汤烧开后再下米，要不断搅拌，防止煳锅。

2. 要将蟹腿、蟹壳煸炒至断生。

3. 要控制好火候，防止食材过烂。

**菜品特点**

米粥黏稠，蟹味浓厚，营养丰富。

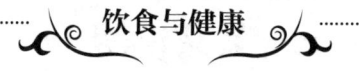

**饮食与健康**

大闸蟹中富含氨基酸与无机盐，有利于清热解毒、壮骨填髓、舒筋活血、促进生长发育；黄河口大米有利于健脾胃、补中气、养阴生津。二者一起食用，食用价值很高。一般人群均可食用，但体虚寒者与糖尿病人尽量不食。

制作人：候典玉

# 奶香石子馍

## 菜品说明

石子馍又被称为砂子馍，是陕西省的传统风味小吃。它以小石子作为炊具，小石子将面饼烙烫成熟，带有古老石烹遗风。酒店的厨师们借鉴其加工工艺，从面团、加热方法及石头等各方面进行改良，使石子馍不仅色泽美观、干香甜润，还经久耐放、方便携带。

### 主要用料

面粉1.5千克、牛奶480毫升、奶粉150克、鸡蛋3个、白糖80克、酵母15克。

## 制作过程

1.先将面粉和奶粉拌和均匀，再加入牛奶、鸡蛋、白糖、酵母，调和成面团，盖上湿布发酵30分钟备用。

2.将面团搓成长条，分成30克的剂子，揉成小馒头形状，饧发15分钟，制成石子馍生坯。

3.将烤箱温度设定为上火220摄氏度、下火180摄氏度，放入鹅卵石子，提前预热30分钟。

4.将石子馍生坯埋在鹅卵石子里，烤20分钟即可。

操作关键

1. 鹅卵石子要光滑，大小均匀。
2. 注意烤制火候，要烤熟烤透。

## 菜品特点

色泽焦黄，酥脆香甜，奶香味浓，营养丰富。

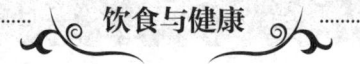

### 饮食与健康

石子馍中含有丰富的优质蛋白、钙和碳水化合物，有利于修补机体组织、提高免疫力、强健体魄、延缓衰老效。石子馍口感酥脆，易于被人体消化吸收，非常适合消化功能减弱的人群食用。

制作人：贾新英

南瓜千层饼

## 菜品说明

　　南瓜千层饼是在传统千层饼的基础上改进而来的。在调制面团时添加南瓜泥等辅料，不仅色泽金黄、风味突出，而且蓬松柔软、营养丰富。如今，南瓜千层饼花样繁多，有蒸的，有烤的，还有先蒸后烙的，这些制作方式都深受人们喜爱。

### 主要用料

　　面粉 2.5 千克、酵母 15 克、泡打粉 10 克、南瓜泥 400 克、猪油 50 克、白糖 50 克、色拉油 50 克、芝麻 10 克。

## 制作过程

1. 在面粉中加入猪油、色拉油，调和成油酥。

2. 用温水把酵母、白糖、南瓜泥溶化，倒入面粉中，放入泡打粉拌匀；将面粉揉成面团，揉透揉匀后盖上湿布，发酵50分钟；取出面团，用压面机反复压制，直至光滑细腻。

3. 将面团擀制成长方形，均匀地涂抹上油酥，折叠成3层，再次擀开叠起，如此反复擀叠3次。

4. 在面团表面刷上水，撒上芝麻，用面杖压实，放入醒发箱中饧置30分钟，上蒸车蒸20分钟。

5. 取出改刀，装盘即可。

操作关键

1. 芝麻要提前炒熟。

2. 醭面撒得要均匀，不能太多太厚，否则会影响合层效果。

3. 面团一定要饧透，否则会影响口感。

## 菜品特点

层次分明，暄软香甜，营养丰富。

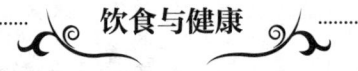

**饮食与健康**

南瓜性温、味甘，入脾经、胃经，是一种营养价值极高的瓜果类蔬菜，含有多种维生素、无机盐和膳食纤维等，有利于补中益气、促进消化、增进食欲等。对南瓜过敏者禁食。

制作人：卜玲芹

## 皇席菜曲奇饼干

### 菜品说明

皇席菜是纯天然的碱性食材，具有很好的养生价值。将皇席菜加工成粉后可以制作成多种美食，其中，皇席菜曲奇饼干就是一道经典的饼干类点心。皇席菜中的碱性成分可以淡化曲奇饼干的油腻感，使曲奇饼干带有清香气息。

### 主要用料

低筋面粉 1.75 千克、皇席菜粉 80 克、黄油 700 克、糖粉 400 克、盐 10 克、色拉油 500 克。

**制作过程**

1. 将黄油和糖粉放入打蛋器内，调制慢档搅打 2 分钟，转快档搅打 5 分钟。

2. 在打蛋器内加入色拉油、清水，调慢档搅打均匀，再放入面粉和皇席菜粉继续搅打均匀，制成水油面团备用。

3. 在烤盘上刷一层油，将烤箱上火调制 220 摄氏度、下火调制 180 摄氏度预热备用。

4. 将调制好的水油面团放入裱花袋内，均匀地挤在烤盘上，放入烤箱烤制 15 分钟即可。

操作关键

1. 要掌握好打蛋器的搅打速度，速度过快会导致面团回油。

2. 烤箱温度设定要适当，烤制过程中要调换一次烤盘。

**菜品特点**

色白深绿，酥脆焦香，清香怡人。

**饮食与健康**

皇席菜中富含氨基酸、微量元素、维生素和膳食纤维，非常适合青少年和老年人食用。曲奇饼干中含有大量黄油，不建议一次性食用过多，肠胃不适者尽量少食。

制作人：张丽丽

# 利津水煎包

## 菜品说明

　　利津水煎包是历史名吃，其制作技艺已经传承了 100 多年，被纳入山东省非物质文化遗产代表性项目名录。利津水煎包是黄河口地区流行时间最长、传播范围最广、影响力最大的小吃。利津曲酱在调制馅心时发挥着关键作用，是形成地方风味的重要调味品。利津水煎包传统的馅心是韭菜肉馅、白菜肉馅和豆腐粉条馅。如今，馅心的种类不断丰富，甚至出现了海参馅、大虾馅、野菜肉馅等。

### 主要用料

　　特精面粉 440 克、面肥 120 克、韭菜 250 克、去皮五花肉 150 克、高汤 30 克、姜末 4 克、黄豆酱油 8 克、十三香 2 克、利津曲酱（熟）30 克、散豆油 80 克、猪油 8 克、盐 1 克、香油少许、味精少许、原味鸡粉 3 克。

## 制作过程

1. 在面粉中加入面肥、水，调和成发酵面团，饧发备用。

2. 将五花肉切丁，加入高汤、姜末、黄豆酱油、鸡粉、十三香、曲酱、豆油、猪油、盐、香油、味精，调成馅，放入冰箱冷藏 12 小时。

3. 将韭菜切成末。

4. 取面粉 15 克，加入 350 克水调成面糊水。

5. 将发好的面团分成 20 个剂子，擀成直径 8 厘米的面皮。

6. 先在面皮里放入韭菜，再放入肉馅，压实收紧口成圆形。

7. 在平锅内加入豆油，烧热，把包子口朝下放入锅内，煎至呈金黄色时加面糊水；用铲子把包子逐个翻过来，加盖，中火加热 8 分钟，再用小火加热 4 分钟，待面糊水的水分快干时淋入豆油，见包子底面有金黄色饹馇时出锅即可。

**操作关键**

1. 曲酱要用油炒香。

2. 要控制好发酵时间，面团不可发得过大。

3. 韭菜要随切随用，以免氧化产生异味。

4. 在加热过程中，要一次性加足水。

## 菜品特点

底部酥脆金黄、有金钱眼，馅心酱香浓郁、韭菜碧绿。

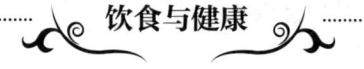

**饮食与健康**

传统的利津水煎包是用发酵面团包上馅心，采用水煎的方法制成。发酵面团不仅营养丰富，而且更利于被人体消化吸收。一般人群均可食用，但胃部不适及过敏体质者不宜食用。

制作人：王强

# 利津锅饼

## 菜品说明

　　用锅饼来"压锅"，是某些地方的习俗。有的地方在乔迁新居开火做饭前把一个大锅饼放到锅里，俗称"压锅饼"，寓意今后的日子像锅饼一样厚实、圆满。有的地方在定亲、结婚等重要活动时会在家里摆放一个系有红绸的大锅饼，以表达喜庆与祝福之意。传统锅饼制作起来费时费力，已经渐渐退出历史舞台，但在利津县，还有人始终坚守着传统的制作技艺，传承着锅饼最原始的味道。

## 主要用料

　　面粉 2.4 千克、白芝麻 50 克、面肥 400 克。

## 制作过程

1. 先在面肥中加水，搅拌均匀，醒发 30 分钟，再加入面粉调和均匀，倒在面板上。

2. 用压面杠反复按压，使其成为柔韧坚实、质地紧密的面团。

3. 将面团压成 6 厘米厚的圆饼。

4. 在圆饼上喷一些清水，再均匀地撒上白芝麻，用针锥扎上均匀的锥眼。

5. 将圆饼放入专用平底锅内烙制，每 15 分钟翻面一次，共翻转 4 次即可出锅。

操作关键

1. 炉灶要提前预热。

2. 面团要压得紧实。

3. 要把握好火候，防止饼夹生或焦煳。

## 菜品特点

色泽金黄，质地干香，有嚼劲。

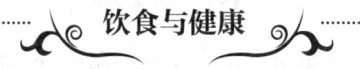

饮食与健康

锅饼采用面肥进行发酵，口感硬实，咀嚼的过程能促进消化液的分泌，有利于健脾胃、养心益肾。

制作人：郭香俊

▼

广饶油粉汤

## 菜品说明

　　广饶油粉汤是一种咸粥，因其葱香浓郁、口感油润细滑而深受食客喜爱，在广饶县流传甚广。目前，油粉汤有传统版、现代版和融合版等做法。其中传统油粉汤的制作方法是，先将小米浸泡、磨浆，再煮成粥，最后加入粉条、豆腐等配料及特制的焩葱油。现在，酒店里多采用改良版的做法，即用葱花和五花肉粒爆锅，加水、配料、调料煮开，最后加入面粉糊熬成粥，菜品香气浓郁，口感更加油润。近年来，有的企业还推出了速食包装的油粉产品，远销全国各地。

### 主要用料

　　小米 500 克、白菜叶 100 克、豆腐 100 克、猪板油粒 50 克、猪五花肉末 50 克、粉条 50 克、特制焩葱油 5 克、盐 10 克、鸡精 10 克、老抽 3 克、大葱末 100 克、八角 3 个。

## 制作过程

1.将豆腐切成丁；粉条泡软，切段；白菜洗净，切丝。

2.将小米用清水浸泡12小时,用磨浆机磨成米浆。

3.锅内放入猪板油，用小火熬炼出油，放入大葱末、肉末，煸炒出香味，再加入白菜丝煸炒；倒入米浆熬制20分钟，放入豆腐丁、粉条、葱油、盐、鸡精等，用小火熬至黏稠即可。

## 菜品特点

葱香味浓，香滑细腻，营养丰富。

操作关键

1. 米浆入锅后要不断地搅动，防止煳锅。

2. 肉末要煸炒至微黄，激发出肉香味。

3. 出锅后要注意保温，否则会失去香气。

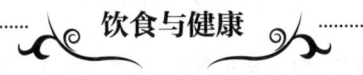

### 饮食与健康

葱油香气浓郁，刺激食欲、暖胃顺气。小米中富含碳水化合物和微量元素，有利于美容养颜、提高机体免疫力，是养生佳品。油粉汤荤素搭配合理、营养丰富，易于被人体消化吸收，是一道老少皆宜的菜品。

制作人：赵海兵

# 龙居月饼

## 菜品说明

　　龙居月饼制作技艺被纳入东营区非物质文化遗产代表性项目名录，已传承了 100 多年。尤其是酥皮月饼，制作精细、松酥香甜，深受当地人喜爱。近年来，龙居月饼的销售渠道越来越广，产品销往滨州、淄博、济南、北京、西安等城市。

## 主要用料

　　面粉 500 克、猪油 150 克、南瓜子 500 克、葵花子 300 克、黑芝麻 20 克、核桃仁 400 克、白芝麻 300 克、花生碎 500 克、冰糖 300 克、熟面粉 700 克、桂花酱 800 克、蜂蜜 500 克、花生酱 100 克、猪油 200 克、青红丝 50 克。

## 制作过程

1. 在 350 克面粉中加入 50 克猪油、100 克冷水，调和成水油面团，盖上湿布饧置 20 分钟备用。

2. 在 150 克面粉中加入 100 克猪油，调和均匀，制成油酥面团。

3. 将南瓜子、葵花子、黑芝麻、核桃仁、白芝麻、花生碎、熟面粉、蜂蜜、冰糖、花生酱、桂花酱、青红丝拌和均匀，制成五仁馅心。

4. 将饧好的水油面团包入油酥面团，擀成 0.5 厘米厚的长方形面皮，折叠成 3 层，再擀开，如此擀叠 3 次，卷起来分成 30 克的剂子，每个剂子包入 50 克馅心，收口，压扁平，做成月饼生坯，在生坯表面扎上几个孔。

5. 将烤箱加热至上火 180 摄氏度、下火 160 摄氏度时放入生坯，烤 20 分钟，待表皮鼓起时取出晾凉，包装即可。

**操作关键**

1. 果仁类食材要提前烤出香味。
2. 制作油酥面团时要盖上湿布防止干裂。
3. 包馅、收口要紧实。
4. 烤制时要使月饼生坯受热均匀。

## 菜品特点

色泽洁白，酥层清晰，香甜醇厚，皮薄馅大。

**饮食与健康**

酥皮月饼中含有大量不饱和脂肪酸、亚油酸，有利于养心益肾、健脾厚肠、除热止渴。果仁中含有大量维生素 E，常吃果仁，有利于滋润肌肤、延缓衰老、美容养颜。月饼属于高热量、高油脂、高糖食品，可用来调剂口味，高血脂、高血糖、肥胖等人群要少食。

制作人：赵景升

麻湾王记水煎包

## 菜品说明

麻湾王记水煎包用纯木柴火烧制，馅心中采用精肉、五花肉和韭菜，并加入自制曲酱。成品底皮酥脆焦香，味道令人回味无穷。麻湾王记水煎包传承的是祖辈的手艺，承载的是满满的回忆。

## 主要用料

特精面粉 1 千克、面肥 500 克、韭菜 2.5 千克、去皮五花肉 1.5 千克、高汤 300 克、姜末 40 克、黄豆酱油 80 克、十三香 12 克、自制曲酱（熟）200 克、散豆油 500 克、猪油 8 克、盐 15 克、香油 10 克、鸡精 3 克、味精 2 克。

## 制作过程

1. 在面粉中加入面肥、水，调和成发酵面团，饧发备用。

2. 将五花肉切丁，加入高汤、姜末、黄豆酱油、鸡精、十三香、曲酱、豆油、猪油、盐、香油、味精，调成馅，放入冰箱冷藏12小时。

3. 将韭菜切成末。

4. 在面粉中加入水调成面糊水。

5. 将发好的面团分成100个剂子，擀成直径8厘米的面皮。

6. 先在面皮里放入韭菜，再放入肉馅，收紧口，呈圆形。

7. 在特制平锅内加入豆油，烧热，把包子剂口朝下放入锅内，煎至呈金黄色时加入面糊水，用铲子把包子逐个翻过来，中火加热8分钟，再用小火加热12分钟，待面糊水的水分快干时淋入豆油，包子底面有金黄色饹馇时出锅即可。

操作关键

1. 曲酱用油炒香。

2. 要控制好发酵时间，面团不可发得过大。

3. 韭菜要随切随用，以免氧化产生异味。

4. 在加热过程中，要一次性加足水，要用柴火加热。

## 菜品特点

底部酥脆金黄，面白暄软不粘牙，馅心酱香浓郁，韭菜碧绿。

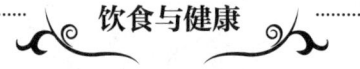

饮食与健康

猪肉鲜美醇香，有利于提高免疫力、增强体质。韭菜性温，气味芳香，有利于补肾益阳、益肝健胃、润肠通便。一般人群均可食用，但胃部不适及过敏体质者不宜食用。

制作人：刘洋洋

# 家乡包福饼

## 菜品说明

　　包福饼又被称为包袱饼，是一种变形的馅饼。馅心以豆腐、粉条为主，配以鸡蛋、青菜。豆腐谐音"都福"，用面皮把豆腐馅包起来，故称为包福饼，寓意福气满满。据说，包福饼原产于济宁市，后来被一些鲁西南地区的移民带到了东营市，并流传开来。包福饼制作简单、焦香四溢，每吃一口都有满满的幸福感。

## 主要用料

　　面粉 500 克、豆腐 250 克、水发粉条 180 克、胡萝卜 50 克、五花肉 150 克、鸡蛋 135 克、大葱 60 克、姜 30 克、香菜 12 克、生粉 2 克、玉米面 5 克、低筋面粉 3 克、十三香 1 克、老抽 15 克、蚝油 8 克、葱油 80 克、熟豆油 100 克、猪油 30 克、盐 2 克、鸡精 2 克、味精 2 克、香油 3 克。

## 制作过程

　　1.将胡萝卜、葱、姜、香菜切成末。

2.将豆腐放入加盐的清水中浸泡40分钟,切成0.5厘米大小的丁,用熟豆油煸炒至两面呈金黄色。

3.将粉条焯水,捞出后趁热加入老抽拌和均匀,待上色后剁成碎末,加入葱油拌匀。

4.将五花肉切成0.3厘米大小的丁,入锅煸炒至断生;鸡蛋加盐搅拌均匀,倒入锅中炒熟,剁碎。

5.将豆腐丁、五花肉丁、粉条碎、香菜末、鸡蛋碎放入盆中,加入葱末、姜末、盐、鸡精、蚝油、猪油、香油等拌和成馅。

6.将生粉、玉米面、低筋面粉放入盆中,加水搅拌成面糊水。

7.将面粉放入盆中,加入80摄氏度的水,调和成热水面团,盖上湿布饧置20分钟备用。

8.将面团分成50克的剂子,擀制成0.1厘米厚、12厘米宽、15厘米长的面皮。

9.在面皮里放上150克馅心,包成长方形,做成生坯。

10.电饼铛内刷上豆油,加热至180摄氏度,放入生坯煎至底部呈金黄色,倒入调好的面糊水,盖上锅盖焖3分钟,待底部金黄酥脆时铲出装盘即可。

操作关键

1. 粉条焯水后要趁热用油拌匀,防止粘连。

2. 馅心口味不可太重。

3. 面糊水不可调得太稠,否则容易煳锅。

## 菜品特点

皮薄馅大,香气浓郁,营养丰富。

### 饮食与健康

鸡蛋营养丰富且极易被人体吸收利用。豆腐是优质蛋白的重要来源,且富含钙质。包福饼将豆腐、五花肉、粉条、蔬菜等多种食材组合在一起,营养全面,口感丰富,食用价值高。包福饼有很强的饱腹感,一次食用不宜过多。

制作人:周思美

# 利津咸粥

## 菜品说明

　　咸粥，主要是用米浆、葱油、黄豆、青菜等熬制而成，醇厚滑润，营养丰富。一碗咸粥，一个烧饼，一碟咸菜，反映出黄河口人真实的生活状态。一家百年传承的老店，延续着利津人的味道记忆。

## 主要用料

　　小米 500 克、糯米 100 克、黄豆 100 克、大葱 1.5 千克、圆葱 100 克、小葱 500 克、姜 250 克、八角 12 克、花椒 5 克、桂皮 12 克、青菜 250 克、粉条 100 克、豆油 1 千克、色拉油 1 千克、精炼猪油 1.5 千克、盐 8 克。

## 制作过程

1.将大葱、小葱切成葱花,圆葱切成粒,姜切成末。

2.在锅内加入油、香料、葱、姜,用大火炸干水分,转小火慢慢炼制2小时,待油吸入葱内且葱呈枣红色时盛出,加盖密封储存。

3.将小米、糯米、黄豆淘洗干净,加清水浸泡12小时;青菜择洗干净,切成细丝;粉条洗净,用开水泡软,切成2厘米长的段。

4.将泡好的小米、糯米与水一起放入料理机内打成米浆。

5.锅内倒入米浆,用小火慢煮30分钟,加入黄豆继续加热20分钟。

6.加入葱油、盐、粉条、青菜,继续煮制5分钟,关火静置20分钟即可。

**操作关键**

1. 米浆入锅后要不断地搅动,防止煳锅。

2. 熬制葱油时要用小火,防止焦煳。

3. 出锅后要注意保温,否则会失去香气。

## 菜品特点

色泽淡黄,葱香浓郁,咸鲜适口。

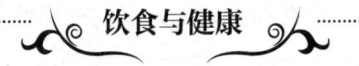

### 饮食与健康

葱油香气浓郁,有利于增进食欲、护肝养肝、养颜美容。用小米浆熬粥,有利于养胃健脾、补气益精、强身健体。多种食材搭配在一起,不仅增加了咸粥的食用价值,而且营养更加全面,有利于滋补和养生的作用,非常适合老年人和儿童食用。

制作人：王美红

# 炸气鼓

## 菜品说明

炸气鼓也被称为炸气饼，是北方常见面食，多采用烫面面皮或蓬松面团面皮制作而成。之所以能够形成气鼓的状态，是因为面皮在受热时，内部的水蒸气向外蒸发。在和面时加入不同的调味料（如盐、糖、小葱、鸡蛋等），可形成不同的口味。炸气鼓既可以单独食用，又可以当小饼卷食各种凉菜、热菜，还可以将各种食材装在气鼓肚里食用，别有一番风味。

## 主要用料

面粉 500 克、盐 3 克、花生油 2 千克、炒咸菜丝 200 克。

**制作过程**

1.将面粉放入盆内，浇上开水，用面杖搅拌均匀，再揉成细腻光滑的面团，加盖湿布饧10分钟。

2.将面团分成30克的剂子，擀成0.2厘米厚的圆形面片。

3.锅内加油，加热至六成热时下入面片，迅速翻动，炸至色泽呈金黄色、膨胀呈圆形时捞出，沥油。

4.装盘，与炒咸菜丝一起食用。

**菜品特点**

色泽金黄，形如气鼓，柔软香甜。

操作关键

1.面团要揉匀，不能有干粉颗粒。

2.面皮要擀平、擀圆，否则在炸制时鼓胀得不匀称。

3.炸制时油温不能过高，且油量要大，利于翻动。

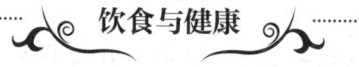

**饮食与健康**

面粉经过烫制后，其中的蛋白质发生热变性，淀粉发生糊化，更利于被人体消化吸收，同时可形成软糯的口感。但炸制品含油量较大，因此脾胃虚弱、肥胖者及高血脂患者应少食。

制作人：王金刚

# 黄河口烧饼

## 菜品说明

20 世纪初，许多鲁西南人迁居至垦利县黄河口镇。他们不仅带来了渔猎技艺，也带来了许多当地的美食，烧饼便是众多美食中的一种。传统的烧饼多用面肥进行发酵，因发酵过程中会产生酸味，故要加碱水进行中和，操作难度大，不易掌握，所以现在许多酒店改为用酵母发酵，省去了加碱水进行中和的步骤。

## 主要用料

面粉 500 克、芝麻 10 克、花生油 200 克、葱花 100 克、香油 20 克、糖稀 10 克、五香粉 30 克、酵母粉 3 克。

## 制作过程

1.将面粉倒入盆内,加温水、酵母粉,搅拌成絮状,再揉成光滑的面团,用保鲜膜盖好发酵半小时。

2.锅内加入花生油,放入葱花,炸出香味,制成葱油,放凉,加入香油、五香粉调匀,备用。

3.将发好的面团分成50克的剂子,揉成光滑的小面团,用手压扁,抹上调和好的五香粉油料,包成团状,再按扁,醒5分钟;用手蘸少许糖稀均匀地抹在其表面,再撒上少量芝麻,制成烧饼生坯。

4.将烤烧饼的铁板炉加热,将烧饼生坯贴在铁板上进行烤制,烤至烧饼鼓起、呈焦黄色时用铲子取下来。

5.搭配咸菜、小葱、咸粥一起食用风味更佳。

**操作关键**

1.面团要充分醒发,否则烧饼不鼓起,口感不脆。

2.面团抹上五香粉油料后,要包裹严实,不能露在外面。

3.烤制时注意火候,防止烤煳。

## 菜品特点

色白焦黄,外焦里软,香味浓郁。

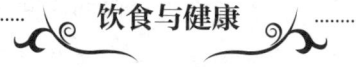

饮食与健康

面粉中含有大量的碳水化合物及蛋白质、脂肪、维生素等,能供给人体能量,促进人体生长发育。芝麻中含有丰富的不饱和脂肪酸、蛋白质、维生素及无机盐等,药用价值和食用价值非常高,有利于滋阴养血、润肠通便,经常食用对健康有益。

制作人:张大巧

# 包皮饼

## 菜品说明

　　包皮饼，起源于东营市利津县。20 世纪六七十年代，人们的生活条件较差，一年吃不上几次白面，但一旦家里有客人来访，还是会拿出白面来招待。于是，人们便将玉米面夹在白面中间烙制成包皮饼，也叫面子饼。包皮饼两面雪白，中间金黄，搭配汤菜食用，是一道具有民间特色的美食。

### 主要用料

　　特精面粉 500 克、去皮南瓜 300 克、鸡蛋 3 个、玉米面 500 克、豆面 250 克、酵母 15 克、小米面 250 克。

**制作过程**

1. 调制包皮面：在面粉中加入酵母、水，调和成发酵面团，加盖湿布饧发 2 小时。

2. 调制夹心面团：将南瓜用大火蒸 15 分钟，晾凉，打入鸡蛋，加入玉米面、小米面、豆面、酵母，调和成面团，揉均匀，加盖湿布饧发 2 小时。

3. 将包皮面分成 120 克的剂子，擀制成直径 25 厘米的圆坯；夹心面团分成 100 克的剂子，放入包皮面坯中，包成圆形面坯，压扁，用面杖擀制成直径 25 厘米的圆形生坯，饧发 15 分钟备用。

4. 将电饼铛下火调制 190 摄氏度，预热 3 分钟，放入包皮饼生坯，烙至底皮微黄时翻转，烙至表皮鼓起，再次翻转，压扁排除气体，烙制两面呈金黄色即可；改刀一切为二，装盘。

操作关键

1. 烙制时间不宜过长。

2. 面胚入锅后，要不断旋转，使其受热均匀。

**菜品特点**

外白内黄，色泽悦目，暄软适口。

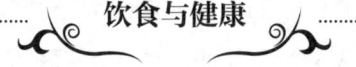

饮食与健康

包皮饼嚼劲十足，可单独食用或者卷上炒肉丝、青菜一起食用，后者营养搭配合理，食用价值更高。一般人群均可食用，但水调面团属于死面，一次性食用过多容易造成积食。

制作人：张维杰

## 烧布剂

## 菜品说明

　　布剂，最早是指纺线时用的一种盘绕起来的棉絮团。原始的烧布剂，来源于民间，是将发酵面团制成布剂的样子，埋在灶膛的余火里，慢慢烧熟的一种面食。随着时代的发展，烧柴火已经成为历史，那些烧布剂的场景也慢慢消失于人们的记忆里。如今，很多酒店已改用烤箱制作烧布剂，且烧布剂的味型和色彩更加丰富，使烧布剂这道传统美食又得到传承与发展。

**主要用料**

　　面粉 1.5 千克、面肥 100 克（或酵母 15 克）。

**制作过程**

1.将面肥用温水浸泡至溶化，加入面粉和水调和成面团；将面团揉匀揉透，盖上湿布，置于温暖处进行发酵。

2.将发酵好的面团倒在案板上，揉至表面光滑后搓成粗条，分成60克的剂子，再搓成1.5厘米粗的长条，缠绕在柳条上，成布剂状，饧发15分钟。

3.将布剂生坯放入烤箱内，用上火220摄氏度、下火180摄氏度的炉温烘烤15分钟，待表面呈金黄色时即可。

**菜品特点**

形似布剂，色泽金黄，外表酥脆，干香筋道。

操作关键

1.面肥发酵会产生酸味，可加适量的食用碱进行中和。

2.要根据环境温度灵活掌握发酵时间。

3.用炭火烤制效果更好。

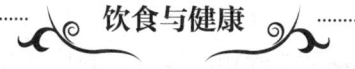

饮食与健康

发酵后的面团能产生酵素和风味物质，增加维生素B的含量。布剂在高温烧烤后会产生大量糊精，更容易被人体消化吸收。

制作人：郭香俊

# 韭菜合子

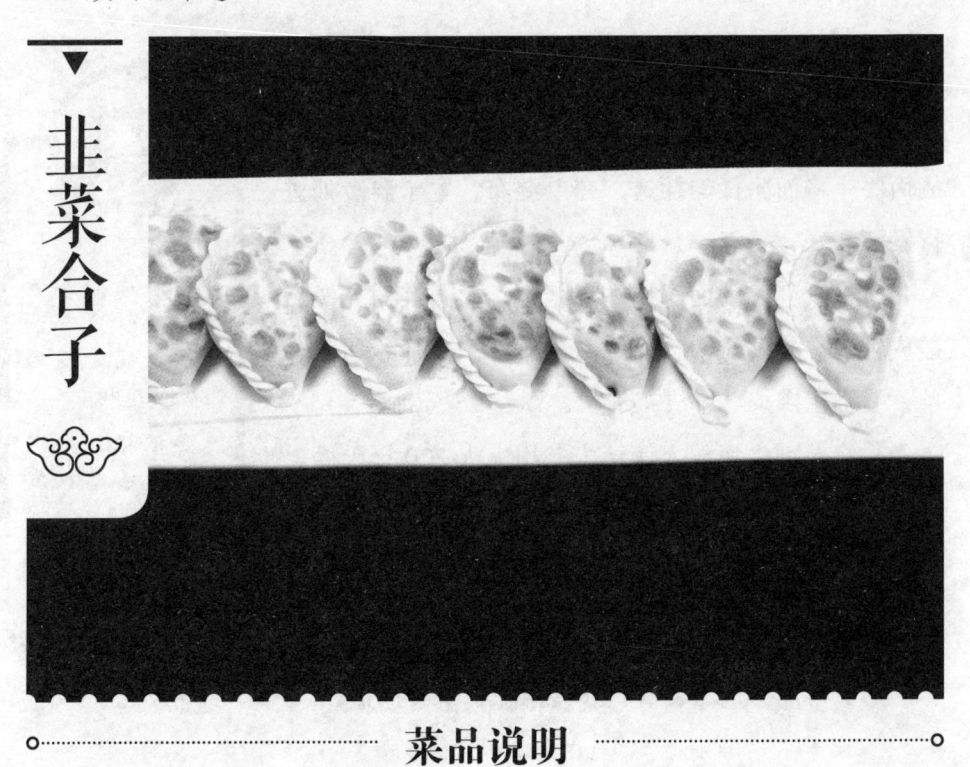

---

## 菜品说明

　　韭菜合子是家庭及酒店通用的菜品。制作韭菜合子时常用冷水面、温水面或烫面做面皮。三种面皮各具特色，冷水面的筋力大、延伸性好，但面皮质感较硬；烫面的筋力小、口感软糯，但质地黏软、容易破皮，操作难度较大；相比而言，温水面的筋力适中，质感柔软而筋道。值得注意的是，无论选择哪种面团，都必须使面团达到柔软细腻的程度，这是保证韭菜合子口感的关键。

---

### 主要用料

　　面粉 1 千克、韭菜 1.2 千克、鸡蛋 600 克、虾皮 100 克、鸡粉 25 克、盐 25 克、色拉油 100 克、香油 20 克。

**制作过程**

1.将面粉放入盆内，加入温水，搅拌均匀，揉成面团，备用。

2.将韭菜择洗干净，控净水分，切成末；虾皮淘洗干净，沥水备用。

3.将鸡蛋打散，加盐搅匀，入锅炒熟倒出，剁成碎末备用。

4.将鸡蛋碎、虾皮、韭菜放入盆中，加入鸡粉、盐、色拉油、香油等调拌成馅。

5.将面团分成35克的剂子，擀成直径14厘米、厚0.2厘米的圆形面皮。

6.取45克馅心摊放在面皮的1/2处，将面皮的另一半对折，压紧边缘，制成半圆状的韭菜合子生坯。

7.在电饼铛内刷上油，加热至180摄氏度时放入韭菜合子生坯，烙至两面呈金黄色即可。

**操作关键**

1.韭菜容易氧化产生异味，要现切现用。

2.要压紧边缘，防止露馅。

3.要控制好温度、时间，否则韭菜口感较差。

**菜品特点**

皮薄馅大，韭菜碧绿，鲜香醇厚。

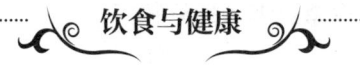

**饮食与健康**

韭菜中含有丰富的膳食纤维，有利于促进食欲、补虚益阳。鸡蛋中含有氨基酸和脂肪酸，有利于修补机体组织、提高免疫力、强身健体、延缓衰老。虾皮味甘、咸，性温，有利于补肾壮阳、理气开胃、补钙强骨、益气补血。但肠胃不适者尽量少食。

制作人：于茂存

小米绿豆捞干饭

## 菜品说明

在过去的岁月里，金灿灿的小米绿豆饭与粗粮窝头、饼子不同，其如同节日里的美味糕点，散发着诱人的气息，成为许多人儿时的美食记忆。尤其是到了盛夏季节，小米绿豆饭、小米绿豆粥、绿豆汤等便成为农家人清凉解暑的美味。如今，许多酒店在小米、绿豆的基础上又添加了糯米、红枣、葡萄干等，其口感更加香甜软糯。

**主要用料**

小米 400 克、绿豆 200 克。

## 制作过程

1. 将小米淘洗干净；绿豆洗净，加水浸泡 2 小时备用。

2. 锅内加入冷水，放入绿豆，用中火加热 15 分钟，待绿豆微微开花时放入小米搅拌均匀，用中火加热 8 分钟捞出，放入盛器内，入蒸箱大火蒸制 30 分钟，关火静置 20 分钟即可。

## 菜品特点

黄绿相间，软糯香甜，营养丰富。

操作关键

1. 绿豆煮到微微开花为宜，不能煮得过烂。

2. 小米入锅后要迅速搅拌均匀。

3. 米饭蒸完要关火静置一段时间，否则口感较差。

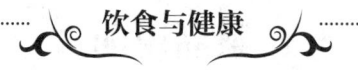

### 饮食与健康

小米的营养价值很高，含有蛋白质、脂肪、维生素等，有利于滋阴养血、保护心脏、补充能量、强身健体、安神养颜。绿豆性凉、味甘，有利于清热解毒、利湿消暑。

制作人：田敏敏

## 摊咸食

## 菜品说明

　　咸食，是一道典型的农家菜品。制作咸食的食材十分丰富，除了面粉和鸡蛋以外，还可以加入各种蔬菜，因此，它也被称为菜咸食。过去，菠菜、西葫芦、南瓜、黄瓜、野菜、萝卜、芹菜叶子等都是制作咸食的好食材。咸食一般采用煎或烙的方法制作，形状多为圆形的厚片，香气浓郁、咸鲜可口，诱人食欲。如今，咸食经常出现在各大酒店的菜单里，许多星级酒店推出了虾仁咸食、菜汁咸食、五彩咸食等，这些种类都备受食客青睐。

## 主要用料

　　西葫芦 250 克、低筋面粉 100 克、鸡蛋 2 个、盐 3 克、葱花 30 克、熟油 50 克。

## 制作过程

1. 将西葫芦洗净，打去薄皮，擦成细丝剁碎备用。

2. 盆内加入面粉、鸡蛋、西葫芦碎、盐、葱花、熟油，搅拌成稠糊状备用。

3. 先将电饼铛加热至 180 摄氏度，刷上油，再将菜糊倒入电饼铛内摊成圆饼状，烙至两面呈金黄色时取出，装盘即可。

## 菜品特点

色泽金黄，软香适口，营养丰富。

**操作关键**

1. 菜糊不要太稀，否则会影响口感和形状。

2. 菜糊烙制凝固后，要及时翻面，防止烙煳。

-------- ❧ **饮食与健康** ❧ --------

面粉有利于健身强体、安神养颜。蔬菜中富含膳食纤维、无机盐和维生素，有利于增进食欲、通便润肠、修补机体功能、排毒养颜。咸食易于被人体吸收利用，食用价值较高，非常适合儿童和老年人食用。

制作人：王俊梅

## 驴肉馅饼

---

### 菜品说明

　　黄河口人喜欢吃驴肉，既有肴驴肉、红烧驴蹄、驴肉丸子、炖驴架子等菜肴，又有驴肉馅饼、驴肉火烧、驴肉水饺、驴肉大包、驴肉汤面等面点，菜品种类十分丰富。

---

### 主要用料

　　面粉500克、酵母8克、驴肉300克、洋葱末100克、大葱末100克、盐3克、鸡精3克、胡椒粉2克、白糖1克、味精2克、老抽15克、黄豆酱油8克、姜末5克、高汤100克、葱油20克、猪油30克、香油5克。

**制作过程**

1.将驴肉用料理机打成肉馅,加入高汤、盐、味精、鸡精、白糖、胡椒粉、老抽、黄豆酱油、葱油、猪油,调和均匀,放入冰箱中冷藏2小时,备用。

2.在面粉中加水、酵母,揉成面团,盖上湿布,发酵1小时,备用。

3.将洋葱末、大葱末、姜末、香油加入调好的驴肉馅中搅拌均匀,制成馅心。

4.将面团分成60克的剂子,擀成直径10厘米的面皮,包入馅心,用手轻轻按扁,制成生坯。

5.将电饼铛加热至180摄氏度,倒入食用油,放入生坯,待两面呈焦黄色即可。

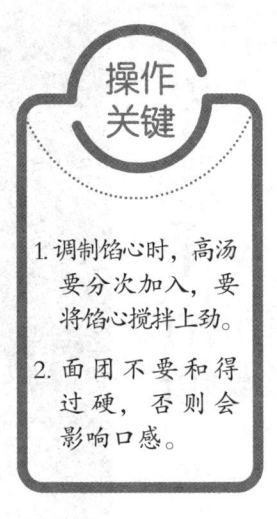

操作关键

1. 调制馅心时,高汤要分次加入,要将馅心搅拌上劲。

2. 面团不要和得过硬,否则会影响口感。

**菜品特点**

色泽金黄,肉质鲜嫩,醇香四溢。

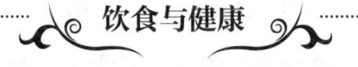

**饮食与健康**

驴肉是一种高蛋白、低脂肪的肉类,有利于补气养血、滋阴壮阳、安神养颜、强筋壮骨。驴肉馅饼滋味浓厚、肉质细腻香醇,尤其是采用了发酵面团,不仅质地蓬松柔软,而且更利于被人体消化吸收。但一次食用不宜过多。

制作人:贾新英

# 杂粮手擀面

## 菜品说明

　　在许多人的记忆里，小时候吃得最多的是五谷杂粮，粗粮馒头、粗粮卷子、粗粮窝头、粗粮饼子、粗粮面条、包皮饼、杂粮粥等都是家常便饭。那时，如果能吃上一碗烩锅的杂粮面，也是一件幸福的事情。岁月变迁，时代更迭，当年吃粗粮，纯属无奈，而今吃粗粮，却是为了养生。

## 主要用料

　　中筋面粉 300 克、玉米面 300 克、豆面 100 克、盐 10 克。

**制作过程**

1. 先将面粉和杂粮面调和均匀，再将盐放入水中溶化，倒入调和好的面粉中；将面粉揉成面团，盖上湿布饧 30 分钟。

2. 将饧好的面团，用力揉光、揉圆，用面杖擀成 0.3 厘米厚的面片；将面片折叠成宝塔状，用刀切成 0.3 厘米粗的面条，用手抖散，撒上面醭备用。

3. 锅中加水，大火烧沸，手提面条抖落下多余的面醭后将面条下入锅中，开锅后煮 2—3 分钟捞出，过一下温水，装碗即可。

**操作关键**

1. 开锅后再下面条，火力要大。
2. 开锅后要轻轻地搅动，防止面条粘连和煳锅底。

**菜品特点**

面条筋道，面香浓郁，营养丰富。

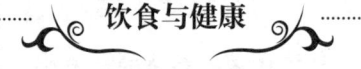

**饮食与健康**

杂粮营养全面，富含膳食纤维、维生素和微量元素，有利于提高机体免疫力，促进肠胃蠕动。面条经过水煮，能加速淀粉糊化，形成爽滑口感，利于被人体消化吸收；再搭配上各种汤卤，更是锦上添花。但老年人不要一次食用过多。

制作人：吴振兴

# 烱油面

## 菜品说明

　　山东人喜欢大葱，喜欢用葱花炝锅时散发出的气味。对山东人来说，无论是制作热菜，还是制作面食，大葱总是如影随形。黄河口人更是如此，不仅喜欢吃炝锅面，而且喜欢吃用葱花做的烱油面。烱油面表面漂浮的烱葱油和焦香葱花，散发着浓郁的葱香，令人神清气爽。

## 主要用料

　　面粉 300 克、盐 5 克、鸡汤 500 克、葱花 100 克、菜籽油 100 克、小葱末 5 克、胡椒粉 1 克。

**制作过程**

1. 在面粉中加入水、盐，揉成面团，饧 15 分钟备用。

2. 取出饧好的面团，用力揉光、揉圆，用面杖擀成 0.3 厘米厚的面片，折叠成 5 层宝塔状，用刀切成 0.3 厘米粗的面条，将面条抖散并撒上面醭备用。

3. 起锅烧油，放入葱花，炒至葱花呈深黄色时加入鸡汤，大火烧开，加入盐、胡椒粉制成煳油汤。

4. 冷水烧开，放入擀好的面条，迅速划开，大火煮 2 分钟捞出装碗。

5. 在面条碗内加入滚烫的煳油汤，撒上小葱末即可。

操作关键

1. 炸制葱油的火候要控制得当。

2. 煳油汤要注意保温，否则香气不足。

3. 胡椒粉要用自制的，成品胡椒粉味道不足。

**菜品特点**

葱香浓郁，咸鲜微辣，面条滑爽。

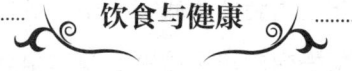

**饮食与健康**

葱油中含有有利于刺激性气味的挥发油，能去除腥膻、增加香味，还能刺激消化液的分泌，增进食欲。鸡汤中含有脂肪、钙、磷、铁、镁、维生素 A、烟酸等营养元素，有利于提高人体免疫力，调节内分泌功能。在面条中加入葱油和鸡汤，可使面条香气浓郁。一般人群均可食用。

制作人：王春英

# 皇席菜手擀面

## 菜品说明

过去，人们喜欢用皇席菜的嫩叶拌凉菜、包包子。后来，皇席菜粉被开发出来，其常常被运用到面团或馅心中，这使皇席菜得到更有效的利用。近年来，皇席菜手擀面、皇席菜坠面、皇席菜丸子、皇席菜曲奇饼干、皇席菜饼等创新菜品也被相继推出。

## 主要用料

中筋面粉 500 克、皇席菜粉 12 克。

## 制作过程

1. 在面粉中加入皇席菜粉，搅拌均匀，加入冷水，调和成面团；将面团揉至面光、手光、盆光，盖湿布饧 20 分钟备用。

2. 取饧好的面团，用力揉光、揉圆，用面杖擀成 0.3 厘米厚的面片，折叠成 5 层宝塔形，用刀切成 0.3 厘米粗的面条，将面条用手抖开并撒上面醭备用。

3. 将冷水用大火烧沸，面条抖落面醭后下锅。

4. 将面条用大火煮 2 分钟，捞出过温水装碗即可。

## 菜品特点

色泽碧绿，爽滑筋道，营养丰富。

操作关键

1. 皇席菜为碱性蔬菜，盐分较高，和面时不用添加盐、碱。

2. 加入皇席菜粉的面团筋力较大，饧发时间比一般面团要长。

3. 面条煮好后要过水，尽量去除皇席菜特殊的味道。

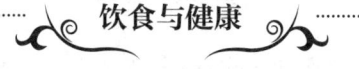

### 饮食与健康

皇席菜中富含氨基酸、微量元素、维生素和膳食纤维，有利于提高机体免疫力。皇席菜中所含的电解质、多糖物质能够及时恢复体能，非常适合青少年和老年人食用。

制作人：高祥美

# 酥皮驴肉火烧

## 菜品说明

酥皮驴肉火烧由驴肉馅和酥皮烧饼两部分组成，其技术核心是制作酥皮。制作酥皮的面团由两部分构成：一是面皮，常见的有水油面皮、发酵面皮、水蛋面皮等；二是油酥面，主要有干油酥和炸酥等。通过包酥、抹酥、擀叠等手法可使面团达到层次分明、酥脆可口的效果。

## 主要用料

面粉 500 克、低筋面粉 100 克、酵母 8 克、白芝麻 20 克、肴驴肉 300 克、青红椒 100 克、香菜 100 克、味达美酱油 20 克、猪油 100 克、香油 5 克。

**制作过程**

1. 将肴驴肉切丁，青红椒、香菜切末，加入味达美酱油、香油，拌和成驴肉馅心。

2. 在面粉中加水、酵母，揉成光滑的面团，盖上湿布发酵 1 小时，备用。

3. 用猪油把低筋面粉炸成油酥，备用。

4. 将发酵面团擀成长方形大饼，刷上油酥，顺长边卷成卷，再分成 60 克的剂子，按扁，擀平，将两端向中间折叠，再擀成长 10 厘米、宽 5 厘米的长方形面饼，在两面均匀地撒上白芝麻，制成火烧生坯。

5. 将电饼铛加热至 200 摄氏度，刷上食用油，放入火烧生坯，烙至两面金黄酥脆，取出沥油。

6. 将烧饼从中间切开，从开口处填入拌好的驴肉馅即可。

**操作关键**

1. 油酥一定要抹匀，要将面团卷紧卷实。

2. 擀制时要将面团的收口压实。

3. 烙制火烧时要及时翻转，使其受热均匀。

**菜品特点**

火烧酥脆，肉香四溢，营养丰富。

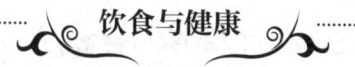

**饮食与健康**

油酥面团在制作过程中加入的油脂，能增加香气、刺激食欲、形成酥脆的口感，并能带来极强的饱腹感。但高血脂、高血压患者及肥胖者不宜多食。

制作人：贾新英

## 蒸粗粮窝头、虾酱

### 菜品说明

　　蒸窝头、虾酱曾是黄河口人的家常便饭。过去，各个家庭制作窝头的配方大同小异，大多家庭以玉米面为主，只有经济条件好的家庭才会掺入一些豆面和小米面。那时，豆面算是高档食材，其掺在窝头中能增加香气，是优质蛋白的重要来源。如今，窝头的种类越来越丰富，配方更是千奇百怪，有死面的，有发面的，有加菜的，有加蛋的，还有五颜六色的，令人眼花缭乱。如今吃窝头不再是为了果腹，而是为了调剂口味和养生。

### 主要用料

　　玉米面 300 克、小米面 100 克、豆面 100 克、酵母 5 克、小苏打 3 克、黄河口蟛子虾酱 150 克、鸡蛋 2 个、豆腐 100 克、泡水粉条 100 克、葱花

100 克、干辣椒 10 克、花生油 100 克。

## 制作过程

1.将玉米面、小米面、豆面、小苏打放入盆内拌匀；将酵母用水溶化后，倒入盆内；将盆内的材料拌和均匀，揉压成面团，饧 20 分钟。

2.将面团分成 35 克的剂子，分别捏成窝头备用。

3.将豆腐切丁，粉条切段，干辣椒切丁。

4.将虾酱、豆腐丁、鸡蛋、粉条段放入大碗内，拌匀。

5.锅中放入花生油，下葱花、干辣椒，炸出香味，倒入虾酱碗中，搅拌均匀备用。

6.将窝头和虾酱碗一起放入蒸笼内，大火蒸 20 分钟即可。

操作关键

1. 葱花、辣椒要炸出香味。
2. 要选用发酵好的蜢子虾酱。

## 菜品特点

香气浓郁，味道鲜美，风味突出。

饮食与健康

粗粮窝头中富含碳水化合物、无机盐、膳食纤维，有利于缓解便秘。虾酱中的氨基酸和虾青素含量较高，虾青素是一种抗氧化剂，可延缓衰老。粗粮与虾酱搭配食用，引人食欲，一般人群均可食用。但虾酱中的胆固醇和盐量较高，因此，不建议高血压患者及高胆固醇者食用。

制作人：朱振波

# 豆萁绿豆汤

## 菜品说明

　　绿豆汤是炎炎夏日消暑解渴的佳品。在绿豆汤中加入豆萁，既可消暑，又可充饥果腹，可谓一举两得。绿豆质地坚硬，难以煮烂，故应事先浸泡；又因绿豆中含有单宁物质，所以不能用铁锅煮制，以防绿豆汤变色。

**主要用料**

　　绿豆 200 克、中筋面粉 300 克、玉米面 300 克、豆面 100 克、盐 10 克。

**制作过程**

1. 在冷水中加入盐，待溶化成盐水后，倒入面粉和杂粮面中，揉和成面团，盖上湿布饧 30 分钟。

2. 取出饧好的面团，用力揉光、揉圆，用面杖擀成 0.2 厘米厚的面片，切成 1 厘米宽的条，再切成 1 厘米大小的菱形状面片，撒上面醭，用手抖散。

3. 将绿豆用冷水浸泡 4 小时，倒入锅中煮 30 分钟，待绿豆刚刚开花时放入豆萁，大火烧沸，转中火煮 2—3 分钟即可。

**操作关键**

1. 豆萁切好后要撒上醭面，防止粘连。

2. 煮绿豆时，不能煮得过烂。

**菜品特点**

清爽适口，豆香浓郁，营养丰富。

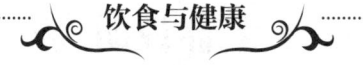

**饮食与健康**

绿豆中富含淀粉、脂肪、蛋白质、维生素及锌、钙等元素，有利于清热解毒、美肤养颜、增加食欲。绿豆汤特别适合夏季食用。但体质虚寒及正在服用药物者不宜食用。

制作人：杨丽丽

# 烀地瓜贴饼子

## 菜品说明

烀，是一种烹饪方法，即把食物放在锅里，加少量的水，盖上锅盖，加热使食物变熟。采用这种烹饪方法时虽然需要加水，但加水量没有没过食材。同在一锅之内，食物却能因所处的位置不同，表现出不同的口感和风味。

昔日，蒸窝头、贴饼子、烙饼、摊煎饼都是农村生活的重要组成部分。如今，随着大铁锅的消失，贴饼子也逐渐淡出了人们的生活。尤其是电饼铛的出现，使得贴饼子这门手艺几近绝迹。而东营市的某些乡村，仍然保留着烧柴火贴饼子的传统方法。

**主要用料**

玉米面 300 克、豆面 100 克、小米面 100 克、小苏打 3 克、紫皮黄瓤地瓜 3 千克。

## 制作过程

1. 将地瓜清洗干净；玉米面、豆面、小米面、小苏打拌匀，加水和成面团。

2. 将地瓜放入铁锅中，加入冷水；水烧开后，将面团分成 35 克的剂子，用双手团成椭圆形的面胚，依次贴在锅边四周；盖上锅盖，大火加热 20 分钟；关火，用锅铲逐块取下饼子；待锅中水分快干时，再焖 10 分钟，取出地瓜即可。

## 菜品特点

地瓜外皮紫红，香甜软糯；饼子色泽金黄，底面焦脆，香味扑鼻。

**操作关键**

1. 铁锅要烧热，否则面坯易掉落。

2. 面团不能和得太软，否则饼子不成型。

3. 加热时不宜掀锅盖。

4. 加水不要过多，否则达不到烀的效果。

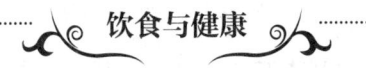

### 饮食与健康

地瓜有长寿食品之誉，烀制时，地瓜里的淀粉糊化，甜度增加、口感软糯，更易被人体吸收。玉米面中含有丰富的卵磷脂、谷物醇、维生素 E、亚油酸、纤维素等营养元素，有利于抗衰老、通便润肠、排毒养颜等。豆面中富含赖氨酸和大豆异黄酮，有利于促进儿童大脑发育。多种粗粮搭配在一起，营养价值更高。但一次食用不宜过多。

制作人：初玉花

## 皇席菜猪肉蒸包

○ ————————— **菜品说明** ————————— ○

　　用蔬菜搭配猪肉制成包子是黄河口地区常见的面食制作方法。皇席菜猪肉蒸包材料简单、制作方便，是一道健康的家常美味。

○ ——————————————————————————— ○

### 主要用料

　　皇席菜 500 克、五花肉泥 500 克、面粉 500 克、大葱末 20 克、姜末 10 克、花椒水 100 克、高汤 100 克、盐 6 克、老抽 4 克、味达美酱油 12 克、葱油 30 克、猪油 12 克、酵母 6 克、料酒 3 克。

## 制作过程

1. 选取皇席菜的嫩叶，用清水洗净，放入开水中焯水，捞出过凉，再用清水浸泡 40 分钟，除去部分咸味，捞出挤干水分，剁碎备用。

2. 将五花肉泥放入盆内，分次加入花椒水和高汤，搅拌上劲，再加入盐、老抽、味达美酱油、葱油、猪油、料酒等，搅拌均匀，放入冰箱中冷藏，静置 2 小时备用。

3. 在调制好的猪肉馅中加入剁碎的皇席菜，调拌均匀。

4. 将酵母用水溶化后倒入面粉中，拌和均匀；将面粉揉成面团，面团揉至光滑后静置发酵 40 分钟，制成发酵面团。

5. 将发酵面团分成 60 克的剂子，擀成直径 12 厘米的圆形面皮，包入调好的肉馅，捏成菊花顶大包，入醒发箱饧发 15 分钟。

6. 将包子放入蒸箱，大火蒸制 25 分钟即可。

**操作关键**

1. 要控制好皇席菜的焯水时间。

2. 焯水后的皇席菜要在冷水中浸泡一段时间，除去咸涩味。

## 菜品特点

色白暄软，味美多汁，营养丰富。

**饮食与健康**

猪肉与皇席菜荤素搭配，在营养上形成互补，食用价值大大提升。但老年人及脾胃虚寒者不要一次性食用过多。

制作人：赵亮

# 海参大包

## 菜品说明

　　海参自古就被视为高档滋补食材，随着人们消费水平的不断提高，食用海参已成为一种普遍现象。近年来，海参除了在热菜、凉菜中广泛应用外，在面点中的应用也越来越多。如海参大包、海参水饺、海参锅贴、海参面、海参捞饭等都是常见的菜品。海参本身无滋无味，需要借助其他食材来增香提味，在海参大包里，熟肘子肉和葱油发挥着关键作用。

## 主要用料

　　熟肘子肉200克、猪五花肉泥200克、水发海参250克、大葱10克、姜5克、煮肘子原汤100克、高汤200克、盐6克、鸡精5克、老抽10克、生抽20克、胡椒粉3克、葱油80克、猪油20克、面粉750克、酵母8克、料酒100克、八角3粒。

## 制作过程

1.将海参放入锅中，加入高汤、葱油、料酒、胡椒粉、生抽，小火煨制15分钟；捞出海参，沥干水分，切成2厘米长的段备用。

2.将熟肘子肉切成1.5厘米大小的丁，大葱顶刀切成1厘米大小的丁，姜切细末；锅内放入猪油，加八角炒出香味，再放葱丁、姜末，煸炒至微黄取出晾凉，备用。

3.在猪五花肉泥中加入煮肘子的原汤，搅拌均匀，再加入盐、鸡精、料酒、老抽、生抽、胡椒粉、葱油，搅拌均匀，最后放入肘子丁、海参段拌和成馅。

4.将酵母用水溶化后倒入面粉中，拌和均匀；将面粉揉成面团，面团揉至光滑后静置发酵40分钟，制成发酵面团。

5.将发酵面团分成80克的剂子，擀成直径14厘米的圆形面皮，包入调好的肉馅，捏成菊花顶大包，入醒发箱饧发15分钟。

6.将包子放入蒸箱，大火蒸制25分钟即可。

操作关键

1.海参要煨透入味。

2.猪肉泥要分3次加入汤汁。

3.大葱丁要煸炒至微黄。

## 菜品特点

色白暄软，葱香浓郁，鲜香多汁，营养丰富。

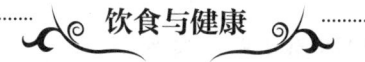

饮食与健康

海参食疗功效突出，有利于滋补五脏、补肾强体、延缓衰老。猪肉有利于补气养血、滋阴润燥、安神养颜。大葱中富含刺激性挥发油，有利于刺激食欲、促进消化。面粉有利于补肝肾、强身健体。海参大包养生价值和食用价值都极高，非常适合青少年、老年人，以及处于恢复期的病人食用。

制作人：高乐林

# 驴肉包子

## 菜品说明

　　为增加包子馅心的嫩度和汤汁，在调制肉馅时常常往里面加一些水或汤冻，这就是"打水馅"或"掺冻馅"。驴肉包子使用高汤调馅，高汤不仅能增鲜，而且能提高馅心的黏稠度，更利于包馅和成型。

### 主要用料

　　面粉 500 克、鲜驴肉 300 克、大葱 20 克、姜 10 克、圆葱 50 克、高汤 100 克、盐 3 克、老抽 4 克、味达美酱油 12 克、葱油 30 克、猪油 12 克、酵母 6 克、料酒 3 克。

## 制作过程

1.将驴肉洗净，放入料理机中制成肉泥备用。

2.将大葱、姜、圆葱去皮，洗净，切末。

3.将驴肉泥放入盆内，加入高汤、老抽、味达美酱油、盐、葱油、猪油等搅拌均匀，再加入大葱末、姜末、圆葱末调和均匀，制成驴肉馅备用。

4.将酵母用水溶化后倒入面粉中，拌和均匀；将面粉揉成面团，面团揉至光滑后静置发酵40分钟，制成发酵面团。

5.将发酵面团分成60克的剂子，擀成直径12厘米的圆形面皮，包入调好的肉馅，捏成菊花顶大包，入醒发箱饧发15分钟。

6.将包子放入蒸箱，大火蒸制25分钟即可。

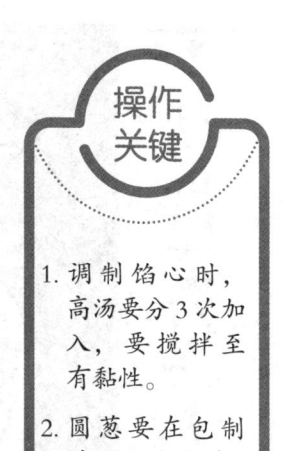

操作关键

1.调制馅心时，高汤要分3次加入，要搅拌至有黏性。

2.圆葱要在包制前加入肉馅中，以防出水。

## 菜品特点

暄软褶美，醇香多汁。

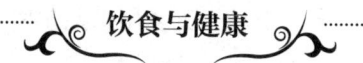

**饮食与健康**

驴肉是一种高蛋白、低脂肪的肉类，营养价值较高。驴肉包子滋味浓厚，适合青少年和老年人食用。

制作人：李道峰

# 马齿苋包子

## 菜品说明

马齿苋分为野生和种植两大类，市场上出售的既有鲜品，也有干品，两者的口感和风味截然不同。马齿苋是药食两用食材，鲜马齿苋多用来拌凉菜、炒肉丝、包包子，干马齿苋多用来蒸扣肉、烧排骨等。

## 主要用料

猪肉 300 克、马齿苋 300 克、大葱末 20 克、姜末 10 克、高汤 50 克、盐 3 克、鸡精 7 克、味精 5 克、老抽 6 克、生抽 10 克、葱油 30 克、猪油 12 克、面粉 500 克、酵母 6 克、料酒 3 克。

**制作过程**

1. 将马齿苋洗净，用开水焯烫 2 分钟，捞出，冷水过凉，控干水分，切成末；猪肉切丁。

2. 将猪肉丁放入盆内，加入高汤、老抽、生抽、盐、葱油、猪油等搅拌均匀，再将马齿苋放入拌匀，调制成馅心。

3. 将酵母用水溶化后倒入面粉中，拌和均匀；将面粉揉成面团，面团揉至光滑后静置发酵 40 分钟，制成发酵面团。

**操作关键**

1. 要控制好马齿苋焯水的时间。

2. 马齿苋焯水后要在冷水中浸泡一段时间，除去异味。

4. 将发酵面团分成 60 克的剂子，擀成直径 12 厘米的圆形面皮，包入调好的肉馅，捏成菊花顶大包，入醒发箱饧发 15 分钟。

5. 将包子放入蒸箱，大火蒸制 25 分钟即可。

**菜品特点**

色白暄软，味美多汁，营养丰富。

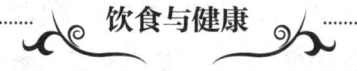

**饮食与健康**

马齿苋有利于清热解毒、凉血止血。但马齿苋性寒、味酸，脾胃虚寒及体质虚弱者不宜食用。

制作人：李俊玲

## 薄皮萝卜丝包子

## 菜品说明

　　薄皮包子，又被称为纸皮包子，因皮薄透明、馅多味美，而备受人们青睐。薄皮包子多采用烫面和熟馅制作，其目的是使包子快速成熟，且保持表皮的完整与透明感。常见的馅心有豆腐素、粉条素、胡萝卜素、韭菜素、南瓜素、素三鲜、茭瓜虾仁等。

### 主要用料

　　胡萝卜300克、粉丝100克、鸡蛋液100克、小葱末50克、盐6克、味精5克、葱油50克、花椒油10克、香油5克、高筋面粉150克、中筋面粉300克。

## 制作过程

1. 将胡萝卜去皮，擦成细丝，加盐腌制 20 分钟，挤干水分，备用。

2. 将粉丝用温水浸泡回软，切成 1 厘米长的段；鸡蛋液加盐搅匀，入油锅炒熟，切碎备用。

3. 将胡萝卜丝、粉丝、鸡蛋碎、盐、葱油、味精、花椒油、香油等拌和均匀，调制成素馅。

4. 先把高筋面粉和中筋面粉混合均匀，再将开水均匀地浇在干粉上，搅拌均匀，摊开晾凉；将面粉揉成面团，面团揉至光滑后盖上湿布饧发 10 分钟备用。

5. 将面团分成 10 克的剂子，擀成直径 14 厘米的圆形薄皮，包入调好的素馅，制成菊花顶大包。

6. 将包子放入蒸锅，大火蒸制 5 分钟即可。

操作关键

1. 胡萝卜中的水分一定要控干。

2. 拌制馅心时要迅速利落，馅心的放置时间不宜过久。

3. 包子皮一定要薄，能够看清馅心的颜色。

4. 蒸制时要用大火。

## 菜品特点

色泽美观，皮薄馅大，咸鲜香甜，营养丰富。

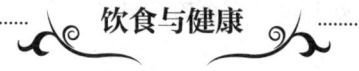

### 饮食与健康

胡萝卜中含有丰富的胡萝卜素，其在人体内能转化成维生素 A，有利于补肝明目、促进骨骼发育；含有膳食纤维，有利于增加胃肠蠕动，促进肠道代谢。薄皮萝卜丝包子荤素搭配、口感丰富，非常适合老年人食用。

制作人：赵彩英

# 宾馆酱肉大包

## 菜品说明

　　黄河口地区"酱"文化底蕴深厚，有许多具有酱香风味的美食，制酱工艺多种多样。面酱是黄河口地区独特的调味酱，利用面酱腌制猪肉，并以此作为馅心的酱肉大包深受食客喜欢。

## 主要用料

　　猪五花肉200克、甜面酱100克、粉条200克、盐2克、鸡精5克、老抽25克、圆葱50克、大葱25克、姜10克、生抽25克、料酒10克、葱油50克、猪油50克、韭菜125克、面粉200克、酵母6克、八角2粒、高汤50克、十三香2克。

## 制作过程

　　1.将猪肉洗净沥水；大葱、姜、圆葱去皮，洗净，切丁；韭菜洗净，切末。

2.起锅加入葱油、八角、葱丁、姜丁，爆香后放入甜面酱，小火炒出酱香味，加入高汤、料酒，熬制6分钟备用。

3.将粉条用温水浸泡回软，放入开水中煮3分钟，捞出沥水，迅速剁成碎末，并趁热加入老抽调拌上色，加入葱油拌和均匀备用。

4.将面粉加酵母拌匀，加冷水调制成膨松面团，揉透后盖湿布饧发20分钟。

5.将猪五花肉切丁，炒熟，放入甜面酱拌和均匀，腌制20分钟，制成酱肉馅。

6.在酱肉馅中加入粉条、韭菜末、葱油、盐、鸡精、猪油等，拌和调制成馅心。

7.将面团分成75克的剂子，擀成直径14厘米的圆形面皮，包入75克肉馅，制成菊花顶大包，入醒发箱饧发15分钟。

8.将包子放入蒸锅，大火蒸制25分钟即可。

**操作关键**

1. 猪肉、洋葱要切成1厘米大小的丁。

2. 甜面酱一定要用小火炒，火大易糊锅且会有苦味。

3. 烫粉条的动作要快，要加油调拌均匀，不然会粘连结块。

## 菜品特点

色白暄软，酱香浓郁，口味鲜美。

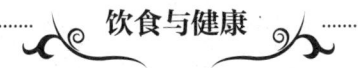

饮食与健康

酱肉大包食材多样、酱香浓郁、营养丰富，一般人群均可食用。但粉条难以消化，老年人一次食用不宜过多。

制作人：郭香俊

# 白菜豆腐粉条包子

## 菜品说明

　　包子有皮、有馅，素有"包财"的寓意。白菜、豆腐、粉条是极为家常的食材，白菜豆腐粉条包子不仅营养丰富，而且寄托着百姓对美好生活的向往。

### 主要用料

　　白菜 300 克、豆腐 200 克、粉条 100 克、海米 30 克、鸡蛋 100 克、大葱 50 克、姜 5 克、盐 6 克、香菜 10 克、鸡精 7 克、味精 5 克、老抽 6 克、葱油 50 克、猪油 20 克、香油 5 克、面粉 500 克、酵母 6 克。

**制作过程**

1. 将白菜、大葱、香菜、姜洗净切末；海米用温水浸泡，回软后切末。

2. 将豆腐切成 0.5 厘米的大丁，入油锅煎至呈金黄色；鸡蛋打散，入锅炒熟，剁成碎末。

3. 将粉条用冷水浸泡回软，入开水锅中煮制 3 分钟，捞出沥水，迅速剁碎，随即加入老抽上色，再加入葱油调拌均匀备用。

4. 将面粉加酵母拌匀，加冷水调制成膨松面团，揉透后盖湿布饧发 20 分钟。

5. 将白菜、豆腐、粉条、鸡蛋末、海米末、香菜末、葱末、姜末、盐、鸡精、味精、葱油、猪油、香油等拌和均匀，调制成素馅。

6. 将面团分成 75 克的剂子，擀成直径 14 厘米的圆形面皮，包入 75 克素馅，制成菊花顶大包，入醒发箱饧置 15 分钟。

7. 将包子放入蒸锅，大火蒸制 15 分钟即可。

**操作关键**

1. 调制馅心时，拌制要迅速利落，馅心的放置时间不宜过久。

2. 烫粉条的动作要快，要加油调拌均匀，不然会粘连结块。

3. 蒸制时要用大火。

**菜品特点**

色白暄软，鲜香味美，营养丰富。

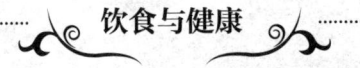

**饮食与健康**

豆腐是补益清热的养生食物，常食有利于补中益气、清热润燥、生津止渴、美容养颜、延缓衰老等。白菜中富含氨基酸、无机盐、维生素、膳食纤维，有利于通便润肠、排毒养颜等。白菜豆腐粉条包子食材搭配多样，非常适合老年人食用，对于偏食的儿童也是极好的美食，但隔夜的包子最好不要食用。

制作人：李俊玲

# 丰富多彩的饺子

饺子，承载着人们对美好生活的期望，记载着社会变迁的痕迹。历经千年，饺子文化绵延不断，彰显着中华美食的强大魅力。

在北方人的心中，饺子不仅仅是一道美食，还具有象征性。在北方的传统美食中，没有哪种美食能像饺子这样普及，也没有哪种面点能像饺子这样具有仪式感。

黄河口人爱吃饺子，并形成了一些吃饺子的饮食习俗。平日里改善生活要吃饺子，冬至要吃饺子，过年更要吃饺子，家有喜事要吃饺子，送行也要吃饺子，一年四季新鲜食材上市还要吃饺子。黄河口人似乎吃不够饺子。黄河口地区的大店小店都卖饺子，且家家生意红火。饺子在黄河口人的饮食中扮演着重要角色。

如今的饺子，花样繁多，饺子皮五颜六色，饺子馅丰富多彩。如果按馅心的种类来计算，饺子有几百种之多。在黄河口地区常见的有韭菜肉馅、白菜肉馅、芹菜肉馅、黄瓜素馅、素三鲜馅、虾仁素馅、香菇肉馅、大葱肉馅、大蒜肉馅、鲅鱼馅、墨鱼馅、西红柿鸡蛋馅、荠菜肉馅、皇席菜馅、豆腐素馅、牛肉馅、羊肉馅、驴肉馅等。

# 一、驴肉水饺

## 主要用料

　　面粉 500 克、鲜驴肉 300 克、盐 5 克、鸡蛋 2 个、圆葱粒 100 克、大葱末 100 克、鸡精 8 克、鸡汁 3 克、胡椒粉 2 克、味精 4 克、老抽 15 克、黄豆酱油 8 克、姜末 5 克、高汤 100 克、猪油 10 克、葱油 30 克、香油 5 克。

**操作关键**

1. 调馅时，高汤要分次加入，边加边搅拌。

2. 剂子的大小要均匀，饺子皮要中间厚、四周薄。

3. 煮制过程中可多次浇凉水降温，防止饺子过度膨胀而破裂。

## 制作过程

　　1.将驴肉用料理机绞成肉泥，加入高汤、姜末、酱油，顺一个方向搅打至黏稠状，再加入盐、老抽、鸡汁、味精、鸡精、葱油、猪油、胡椒粉等调拌均匀，最后放入圆葱粒、大葱末、香油拌和均匀，制成馅心。

　　2.将面粉放入盆内，加入水、盐、鸡蛋调和均匀，揉成面团；再用力揉匀揉透，使其光滑细腻，盖湿布饧发 20 分钟备用。

　　3.将面团搓成直径 3 厘米的长条，分成 8 克的剂子，再擀成直径 7 厘米的面皮。

　　4.左手托住饺子皮，放入馅心，右手将饺子皮对折，捏紧边缘，挤捏成元宝形，制成饺子生坯。

　　5.锅内加水，大火烧开，将饺子生坯依次投入锅中，用勺子轻轻推动，使饺子浮起，防止粘连，待开锅后转中火煮制 6—7 分钟，用漏勺捞起，沥干汤水，装盘即可。

## 菜品特点

　　鲜嫩多汁，皮薄馅大，营养丰富。

制作人：隋曙光

# 二、皇席菜水饺

## 主要用料

面粉 500 克、皇席菜 500 克、猪五花肉 300 克、盐 8 克、鸡蛋 2 个、大葱末 20 克、圆葱粒 30 克、姜末 10 克、高汤 100 克、老抽 4 克、生抽 12 克、味精 3 克、鸡精 3 克、葱油 30 克、猪油 20 克、料酒 3 克、香油 5 克、胡椒粉 1 克。

**操作关键**

1. 焯水后的皇席菜要反复换水浸泡，去掉咸涩味。

2. 要注意皇席菜焯水的时间。

## 制作过程

1. 将皇席菜洗净，放入锅中焯水，捞出后用冷水过凉，再用清水浸泡 40 分钟，捞出挤干水分，剁碎备用。

2. 将五花肉用料理机绞成肉泥，加入高汤、姜末、生抽，顺一个方向搅打至黏稠状，再加入盐、味精、鸡精、葱油、猪油、胡椒粉等调拌均匀，最后放入圆葱粒、大葱末、香油、皇席菜拌和成馅。

3. 将面粉放入盆内，加入水、盐、鸡蛋调和均匀，揉成面团；再用力揉匀揉透，使其光滑细腻，盖湿布饧发 20 分钟备用。

4. 将面团搓成直径 3 厘米的长条，分成 8 克的剂子，再擀成直径 7 厘米的面皮。

5. 左手托住饺子皮，放入馅心，右手将饺子皮对折，捏紧边缘，挤捏成元宝形，制成饺子生坯。

6. 锅内加水，大火烧开，将饺子生坯依次投入锅中，用勺子轻轻推动，使饺子浮起，防止粘连，待开锅后转中火煮制 6—7 分钟，用漏勺捞起，沥干汤水，装盘即可。

## 菜品特点

咸鲜清香，鲜嫩多汁，营养丰富。

制作人：刘宝美

# 三、荠菜水饺

## 主要用料

面粉500克、荠菜500克、猪五花肉300克、盐8克、鸡蛋2个、大葱末20克、姜末10克、高汤100克、老抽4克、生抽12克、葱油30克、猪油12克、味精2克、鸡精3克、香油6克。

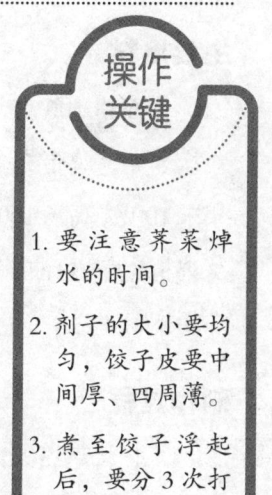

操作关键

1. 要注意荠菜焯水的时间。

2. 剂子的大小要均匀，饺子皮要中间厚、四周薄。

3. 煮至饺子浮起后，要分3次打入凉水。

## 制作过程

1. 将荠菜择洗干净，放入开水中焯水，捞出过凉，挤干水分，剁碎备用。

2. 将五花肉用料理机绞成肉泥，加入高汤、姜末、生抽，顺一个方向搅打至黏稠状，再加入盐、老抽、味精、鸡精、葱油、猪油等调拌均匀，最后放入葱末、香油、荠菜拌和成馅。

3. 将面粉放入盆内，加入水、盐、鸡蛋调和均匀，揉成面团；再用力揉匀揉透，使其光滑细腻，盖湿布饧发20分钟备用。

4. 将面团搓成直径3厘米的长条，分成8克的剂子，再擀成直径7厘米的面皮。

5. 左手托住饺子皮，放入馅心，右手将饺子皮对折，捏紧边缘，挤捏成元宝形，制成饺子生坯。

6. 锅内加水，大火烧开，将饺子生坯依次投入锅中，用勺子轻轻推动，使饺子浮起，防止粘连，待开锅后转中火煮制6—7分钟，用漏勺捞起，沥干汤水，装盘即可。

## 菜品特点

皮薄馅大，鲜嫩多汁，营养丰富。

制作人：姜晓荣

# 四、大蒜猪肉水饺

## 主要用料

面粉 500 克、蒜瓣 300 克、猪五花肉 300 克、盐 5 克、鸡蛋 2 个、高汤 100 克、老抽 4 克、生抽 12 克、葱油 30 克、猪油 12 克、色拉油 50 克、姜末 10 克、味精 2 克、鸡精 3 克、香油 8 克。

**操作关键**

1. 蒜要用油浸泡以防氧化变味。

2. 剂子的大小要均匀，饺子皮要中间厚、四周薄。

3. 煮至饺子浮起后，要分 3 次打入凉水。

## 制作过程

1. 将蒜瓣洗净，用刀剁成末，加入色拉油浸泡备用；取一半大蒜末放入锅中，加葱油，小火煸炒至微黄，当散发出蒜香味时倒出，晾凉，再与另一半蒜末拌和在一起备用。

2. 将五花肉用料理机绞成肉泥，加入高汤、姜末、生抽，顺一个方向搅打至黏稠状，再加入盐、老抽、味精、鸡精等调拌均匀，最后放入蒜末、香油拌和成馅。

3. 将面粉放入盆内，加入水、盐、鸡蛋调和均匀，揉成面团；再用力揉匀揉透，使其光滑细腻，盖湿布饧发 20 分钟备用。

4. 将面团搓成直径 3 厘米的长条，分成 8 克的剂子，再擀成直径 7 厘米的面皮。

5. 左手托住饺子皮，放入馅心，右手将饺子皮对折，捏紧边缘，挤捏成元宝形，制成饺子生坯。

6. 锅内加水，大火烧开，将饺子生坯依次投入锅中，用勺子轻轻推动，使饺子浮起，防止粘连，待开锅后转中火煮制 6—7 分钟，用漏勺捞起，沥干汤水，装盘即可。

## 菜品特点

皮薄馅大，鲜嫩多汁，蒜香浓郁，营养丰富。

制作人：刘帅

# 五、黄瓜素水饺

## 主要用料

面粉 500 克、黄瓜 300 克、鸡蛋液 100 克、水发木耳 50 克、鸡蛋 2 个、葱油 20 克、猪油 10 克、盐 7 克、鸡精 5 克、香油 2 克。

## 制作过程

1. 将黄瓜擦成细丝，加入盐，腌制 5 分钟，挤干水分；在鸡蛋液中加入盐，搅拌均匀，锅内加油烧热，倒入鸡蛋液炒熟，剁碎；将水发木耳剁成碎末。

2. 将黄瓜丝、鸡蛋碎、木耳碎放入盆内，加入盐、鸡精、葱油、猪油、香油等调拌成黄瓜素馅。

3. 将面粉放入盆内，加入水、盐、鸡蛋调和均匀，揉成面团；再用力揉匀揉透，使其光滑细腻，盖湿布饧发 20 分钟备用。

4. 将面团搓成直径 3 厘米的长条，分成 8 克的剂子，再擀成直径 7 厘米的面皮。

5. 左手托住饺子皮，放入馅心，右手将饺子皮对折，捏紧边缘，挤捏成元宝形，制成饺子生坯。

6. 锅内加水，大火烧开，将饺子生坯依次投入锅中，用勺子轻轻推动，使饺子浮起，防止粘连，待开锅后转中火煮制 3 分钟，用漏勺捞起，沥干汤水，装盘即可。

操作关键

1. 煮制饺子的时间不宜过长，要保持黄瓜的脆嫩口感。

2. 饺子皮要大小一致、厚薄均匀。

## 菜品特点

皮薄馅大，清香可口，营养丰富。

制作人：孟庆元

# 六、鲜虾水饺

## 主要用料

面粉 500 克、鸡蛋 2 个、鲜虾仁 200 克、猪五花肉 200 克、韭菜 100 克、葱油 30 克、猪油 10 克、盐 5 克、鸡精 6 克、香油 2 克、生抽 15 克、蚝油 8 克、胡椒粉 2 克、湿淀粉 20 克、葱姜水 30 克、大葱末 5 克、姜末 5 克、料酒 8 克。

**操作关键**

1. 鲜虾仁要经过腌制，才能达到嫩滑的口感。

2. 韭菜要现切现用，以防氧化变味。

## 制作过程

1. 将鲜虾仁去掉虾线，加入盐、料酒、葱姜水、鸡蛋清、湿淀粉抓拌均匀，腌制 15 分钟；韭菜择洗干净，沥干水分。

2. 将猪五花肉切成 1 厘米大小的丁，加入生抽、蚝油、大葱末、姜末、胡椒粉、猪油、葱油、盐、鸡精、香油等调成肉馅。

3. 将面粉放入盆内，加入水、盐、鸡蛋调和均匀，揉成面团；再用力揉匀揉透，使其光滑细腻，盖湿布饧发 20 分钟备用。

4. 将面团搓成直径 3 厘米的长条，分成 8 克的剂子，再擀成直径 7 厘米的面皮。

5. 左手托住饺子皮，放入馅心，右手将饺子皮对折，捏紧边缘，挤捏成元宝形，制成饺子生坯。

6. 锅内加水，大火烧开，将饺子生坯依次投入锅中，用勺子轻轻推动，使饺子浮起，防止粘连，待开锅后转中火煮制 5 分钟，用漏勺捞起，沥干汤水，装盘即可。

## 菜品特点

皮薄馅大，韭菜碧绿，鲜虾味美。

制作人：秦兰花

# 七、南瓜虾皮水饺

## 主要用料

面粉500克、南瓜300克、鸡蛋液200克、盐7克、鸡蛋2个、淡干虾皮50克、葱花50克、鸡精5克、香油2克、葱油40克、猪油20克。

## 制作过程

1.将南瓜洗净，去皮，擦成细丝，加盐拌匀，腌制10分钟，挤干水分备用；鸡蛋液加盐，搅拌均匀，入油锅炒熟，剁成碎末备用。

2.将南瓜丝放入盆内，加入鸡蛋碎、虾皮、葱花、鸡精、香油、葱油、猪油、盐等调成南瓜素馅。

3.将面粉放入盆内，加入水、盐、鸡蛋调和均匀，揉成面团；再用力揉匀揉透，使其光滑细腻，盖湿布饧发20分钟。

4.将面团搓成直径3厘米的长条，分成8克的剂子，再擀成直径7厘米的面皮。

5.左手托住饺子皮，放入馅心，右手将饺子皮对折，捏紧边缘，挤捏成元宝形，制成饺子生坯。

6.锅内加水，大火烧开，将饺子生坯依次投入锅中，用勺子轻轻推动，使饺子浮起，防止粘连，待开锅后转中火煮制3分钟，用漏勺捞起，沥干汤水，装盘即可。

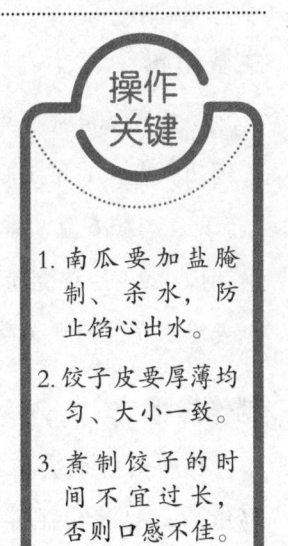

**操作关键**

1. 南瓜要加盐腌制、杀水，防止馅心出水。

2. 饺子皮要厚薄均匀、大小一致。

3. 煮制饺子的时间不宜过长，否则口感不佳。

## 菜品特点

色泽美观，皮薄馅大，味道鲜甜，营养丰富。

制作人：刘玲

# 八、鱼茸水饺

## 主要用料

鲅鱼肉 500 克、猪肥膘 200 克、鸡蛋 2 个、葱姜花椒水 1.5 千克、盐 10 克、花生油 100 克、面粉 500 克。

## 制作过程

1. 将鲜鲅鱼宰杀，清理干净，取下鱼肉，洗净；猪肥膘切成丁。

2. 将鱼肉、纯净水、猪肥膘丁放入绞肉机内绞成茸，取出后放入盆中，冰箱冷藏 1 小时取出，加入葱姜花椒水，搅打上劲，再加入鸡蛋清和花生油，再次搅打上劲，制成鱼茸馅心。

3. 将面粉放入盆内，加入水、盐、鸡蛋清调和均匀，揉成面团；再用力揉匀揉透，使其光滑细腻，盖湿布饧发 20 分钟。

4. 将面团搓成直径 3 厘米的长条，分成 8 克的剂子，再擀成直径 7 厘米的面皮。

5. 左手托住饺子皮，放入馅心，右手将饺子皮对折，捏紧边缘，挤捏成元宝形，制成饺子生坯。

6. 锅内加水，大火烧开，将饺子生坯依次投入锅中，用勺子轻轻推动，使饺子浮起，防止粘连，待开锅后转中火煮制 3 分钟，用漏勺捞起，沥干汤水，装盘即可。

**操作关键**

1. 从鲅鱼上取下的肉一定不能带刺。

2. 鱼肉要朝一个方向搅拌，渐渐上劲。

3. 煮至饺子浮起后，要分 3 次打入凉水。

## 菜品特点

鱼肉鲜嫩，口感滑嫩，味道鲜香。

制作人：孟庆元

# 九、猪肉大葱水饺

## 主要用料

面粉 500 克、大葱白 300 克、猪五花肉 300 克、盐 5 克、鸡蛋 2 个、高汤 100 克、老抽 4 克、生抽 12 克、葱油 30 克、猪油 12 克、香油 5 克、姜末 10 克、味精 2 克、鸡精 3 克、胡椒粉 1 克。

操作关键

1. 大葱白要现切现用，并且要用香油拌匀，以防氧化变味。

2. 剂子的大小要均匀，饺子皮要中间厚、四周薄。

3. 煮至饺子浮起后，要分 3 次打入凉水。

## 制作过程

1. 将大葱白洗净，用刀剁成末，加入香油拌匀备用。

2. 将五花肉用料理机绞成肉泥，加入高汤、姜末、生抽，顺一个方向搅打至黏稠状，再加入盐、老抽、味精、鸡精、葱油、猪油、胡椒粉等调拌均匀，最后放入大葱白末拌和成馅。

3. 将面粉放入盆内，加入水、盐、鸡蛋调和均匀，揉成面团；再用力揉匀揉透，使其光滑细腻，盖湿布饧发 20 分钟。

4. 将面团搓成直径 3 厘米的长条，分成 8 克的剂子，再擀成直径 7 厘米的面皮。

5. 左手托住饺子皮，放入馅心，右手将饺子皮对折，捏紧边缘，挤捏成元宝形，制成饺子生坯。

6. 锅内加水，大火烧开，将饺子生坯依次投入锅中，用勺子轻轻推动，使饺子浮起，防止粘连，待开锅后转中火煮制 6—7 分钟，用漏勺捞起，沥干汤水，装盘即可。

## 菜品特点

皮薄馅大，鲜嫩多汁，葱香浓郁，营养丰富。

制作人：魏娟

# 十、西红柿鸡蛋虾仁水饺

## 主要用料

面粉 500 克、西红柿 300 克、鸡蛋液 100 克、虾仁 150 克、鸡蛋 2 个、葱花 30 克、葱油 20 克、猪油 10 克、盐 5 克、白糖 15 克、鸡精 5 克、香油 2 克、味精 3 克、胡椒粉 1 克、料酒 8 克、湿淀粉 20 克。

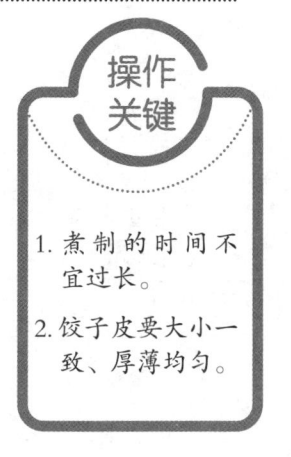

操作关键

1. 煮制的时间不宜过长。

2. 饺子皮要大小一致、厚薄均匀。

## 制作过程

1.西红柿用开水烫一下，扒去外皮，一半切成三角块，一半切成丁；鸡蛋液内加入盐，搅拌均匀，锅内加油烧热，倒入蛋液炒熟，用筷子打碎，倒出备用；虾仁取出虾线，洗净，加入盐、味精、胡椒粉、料酒腌制入味。

2.锅内加油烧热，下入葱花炒香，放入西红柿块炒出香味，加入炒好的鸡蛋碎，再加入盐、鸡精、白糖，翻拌均匀，用湿淀粉勾芡，倒出；加入西红柿丁、虾仁、葱油、猪油、香油等调拌成馅。

3.将面粉放入盆内，加入水、盐、鸡蛋调和均匀，揉成面团；再用力揉匀揉透，使其光滑细腻，盖湿布饧发 20 分钟。

4.将面团搓成直径 3 厘米的长条，分成 8 克的剂子，再擀成直径 7 厘米的面皮。

5.左手托住饺子皮，放入馅心，右手将饺子皮对折，捏紧边缘，挤捏成元宝形，制成饺子生坯。

6.锅内加水，大火烧开，将饺子生坯依次投入锅中，用勺子轻轻推动，使饺子浮起，防止粘连，待开锅后转中火煮制 3 分钟，用漏勺捞起，沥干汤水，装盘即可。

## 菜品特点

皮薄馅大，咸鲜酸甜，营养丰富。

制作人：王美红

# 后 记

　　东营市是一个移民城市，随着胜利油田的开发建设，全国各地的石油工人汇聚黄河口，不仅带来了人口红利，也推动了地方餐饮业的发展。八大菜系在这里呈现出百花齐放、百家争鸣的大好局面。

　　《黄河口味道》一书的编辑原则是，彰显黄河口饮食文化特色，体现黄河口食材优势，呈现黄河口特色美食。《黄河口味道》紧紧围绕渤海湾、黄河、滩涂、湿地、沼泽、陆地等黄河口地域食材这条主线，通过推荐、收集、整理等步骤，臻选出近300个菜品。这些菜品绝大部分是各酒店的特色菜和招牌菜，带有明显的地域特征，具有一定的代表性。

　　在推荐、收集、整理、拍摄、编辑和出版发行过程中，得到了东营市技师学院、渤海工匠学院、东营市烹饪餐饮饭店协会、东营市旅游饭店协会、东营市绿色餐饮商会、各县区烹饪协会领导的关心与支持，也得到了各相关企业的热情参与和帮助。在此，一并表示衷心感谢。

　　在此，特别感谢东营宾馆、胜利宾馆、东胜海天酒店、大明大厦酒店、黄河国际会展中心、华东国际大饭店、福大餐饮有限公司、龙凤祥大酒店、利津县党校宾馆、垦利区香山酒店、河口区河丰园鱼馆、河口区祥和饺子城、广饶县有容庭院等企业在拍摄过程中给予的鼎力支持。

　　受《黄河口味道》篇幅所限，仍有许多优秀菜品未能入选本书，对此，我们深表歉意。因编写人员的水平和视野所限，书中难免存在缺点和漏错，敬请广大专业人士和读者朋友予以批评指正，不吝赐教，深表谢意。

魏正涛　盖如河

2024 年 6 月谨识